Georg Schwarz · Gold aus der Tiefe

GEORG SCHWARZ

Gold aus der Tiefe

Der Mythus des Heinrich Schliemann

STIEGLITZ-VERLAG · E. HÄNDLE
MÜHLACKER

ISBN 3-7987-0204-7

Druck: K. Elser, Mühlacker

Achill

„Ilion war der frühe Name der Stadt.

Auf der untersten Stufe der steinernen Treppe, in einem schon immer verwachsenen Riß der Mauer, an deren Ende unten das versteckte Ausfalltor lag, saß, eine Hibiskusblüte im Haar, Paris, Gemahl der von ihm geraubten Helena, und blickte im Winkel aus dem spaltbreit geöffneten Tor auf den Kampfplatz. Die sandige Straße um die sechseckige Mauer der Stadt Ilion war ihm fremd und zuwider; erinnerte sie ihn doch an den Ausbruch des Krieges und an seine im Vergleich zu diesem lächerliche Schuld.

Draußen lagen die Achaier, mit den Schiffen gekommen, und innen in der Stadt lebte eine geringe Bevölkerung. Er, der Prinz und Liebling seiner Mutter Hekabe hatte so etwas wie Weltgeschichte in Gang gebracht.

Er war stolz darauf, obwohl man ihn dafür hätte verprügeln müssen. Aber wer wollte dies wagen?

Nun saß er da mit dem geschmückten Bogen in

der Hand und den geschärften Pfeilen neben sich und wartete auf den großen Feind, der seinen Bruder Hektor getötet und dessen Leichnam um die Stadt geschleift hatte. Heute mußte es sein. Der in seiner Rache tobende Held, den er für nichts als einen Dummkopf hielt, eilte soeben heran, vier Trojaner vor sich hertreibend. Langsam griff der listig Lauernde nach einem Pfeil, legte ihn auf die Sehne, ließ den Pfeil schwirren, schloß die Augen und hielt es fast nicht für möglich, den Helden am Fuß zu treffen, wie er es beabsichtigte. Aber – o Wunder – in diesem Augenblick öffnete sich der Himmel, und Phöbus Apollon, Neider des sterblichen Helden, gab dem abgesandten Pfeil die verderbenbringende Richtung. Der Pfeil erreichte sein Ziel, die nackte Ferse des Achill. Der Getroffene sprang für eine Sekunde empor, als müsse er den ihm unsichtbaren Schützen ergreifen; dann stürzte er vornüber. Sein Panzer klirrte; die Lanze fiel ihm aus der Hand. Da lag der Held und fluchte, wie nur ein Grieche fluchen konnte, wonach er den tief sitzenden Pfeil ergriff und ihn mit einem Ruck herauszog, daß das Blut spritzte. Schon waren ihm die feindlichen Trojaner entwichen; er aber sprang wieder auf, holte sie – weder hinkend, noch wehklagend – ein, hieb drei von ihnen mit dem Schwert nieder und jagte die anderen um die Mauer, ein rasender Verfolger, und jetzt – – –“

Der Erzähler dieses Prologs, ein Mann von vierzig Jahren im Paletot unterm hartfilzigen Hut, griff nach der Hand der neben ihm stehenden Frau und zog sie mit ungestümer Kraft hinüber zu einem anderen Punkt der Trümmerstadt, die er auf eigene Kosten weitgehend hatte ausgraben lassen. Auf den Schuttmassen führte ein schmaler Geröllweg auf die östliche Seite des Geländes. Dort hatte er eine wohnliche Baracke errichten lassen, in welcher er mit seiner griechischen Frau Sophia lebte und nächtigte, um die Ausgrabung des alten Troja zu beaufsichtigen.

Der Mann ließ seiner Frau, die von herber Schönheit war, keine Zeit, in die Baracke zu treten, die voll war von Tonscherben, sondern nahm sie kurzerhand auf seine Arme und trug sie zu der ausgegrabenen „Rampe“ im östlichen Grabungsfeld. Als er sie dort niedersetzte, bemerkte sie in ihrer griechischen Sprache, es habe ihm wohl die historische Nähe des Helden Achill die Muskeln gestärkt; denn sie standen am Skäischen Tor, das erst jüngst ausgegraben worden war.

„Und jetzt“, so nahm der Mann seine vorige Erzählung wieder auf, „dort unten, wo der Hang endet, verblutete der Held nach vergeblicher Flucht vor dem ihm gesetzten Tod, die Augen zum Himmel gerichtet.“

Er schwieg. Seine eigene Seele war bei allem

dabei gewesen, auf den Schwingen der Verse Homers.

Der aufgeworfene Sand vor dem Tor lag matt; eine Möwe kreiste über ihnen und stieß ihren Ruf aus, der wie eine Klage verklang. Draußen in der Ebene, die sich langsam senkte, schimmerte das vom Meer ausstrahlende Silberlicht. Kein alltägliches Geräusch störte. Es war Sonntag. Die Arbeiter aus den nahen Dörfern, die der Herr zur Ausgrabung gedungen hatte, waren schon am Vorabend gegangen und feierten in ihren Hütten den Tag des Mann mit Wein, Tanz und Gesang.

„Woher weißt du das alles“, fragte die Frau, „den Ort, die näheren Umstände des Geschehens. Ich glaube dir, aber wer verbürgt für das Gesagte?“

Schliemann veränderte seine andächtige Haltung nicht und erwiderte: „Homer sagt das, und ihm zu glauben, ist der Leitgedanke meines Lebens. Schon als Knabe glaubte ich ihm. Er hat mich nach Ilion gerufen. Es gibt Menschen anderer Art, die Gott bestimmt hat. Sie folgen seinem Ruf und werden Heilige. Wer den Ruf nicht hört, ist arm. Ich bin reich von innen geworden, habe auch viel Geld geschafft in einem seltsamen Beruf, wovon ich nicht sprechen will, und als es soweit war, habe ich dich gefunden und bin mit dir nach Ilion gegangen, um die Wahrheit des Homer auszugraben, und wäre es mit den eigenen Händen. Verzeih, daß ich von mir rede!"

Er verneigte sich vor ihr und nahm den Hut ab. Dann schritten sie gemeinsam die Rampe hinab, sahen die trümmerhaften Reste der beiden Torwächterbauten, die engen Durchlässe, und betraten den Platz unterhalb des Tores. Schliemann blieb stehen und betrachtete den dürren, sandigen Erdboden, wo kein Gras sproßte.

„Wenn du auch nicht jedes Wort verstehst, so verstehst du gewiß den Klang. Es ist in einem Gedicht von Schiller, wenn du so willst: dem deutschen Aischylos, die Rede von Achill, dem Sohn der Meergöttin Thetis, die dem verwundeten Sohn nicht mehr helfen kann.

‚Nicht errettet den göttlichen Held die
unsterbliche Mutter,
Wenn er, am Skäischen Tor fallend,
sein Schicksal erfüllt.
Aber sie steigt aus dem Meer mit allen
Töchtern des Nereus,
Und die Klage hebt an um den verherrlichten
Sohn.
Siehe! Da weinen die Götter, es weinen
die Göttinnen alle,
Daß das Schöne vergeht, daß das Vollkommene
stirbt.

Auch ein Klaglied zu sein im Mund der
Geliebten, ist herrlich;
Denn das Gemeine geht klanglos zum Orkus
hinab.‘

Es war nicht die Sache des Heinrich Schliemann, des gewesenen und gleichsam pensionierten Großkaufmanns, nach dem Vortrag der unsterblichen Verse auf die Sterblichkeit des Helden Achill in jene feierliche Ergriffenheit zu versinken, die Deklamatoren so gut anstand. Er drehte sich jäh um und schritt auf seine Frau Sophia zu, um sie zu bewegen, mit ihm auf den Kampfplatz von Ilion hinauszuwandern. Die Vorstellung des Vergangenen faszinierte ihn.

Da war noch immer die unheimliche Stille, wie damals, als die Griechen zu ihren Schiffen eilten, um die abenteuerliche Heimfahrt anzutreten, während Ilion brannte und Asche über die Stätte hinflog, die mittlerweile in der Frist von zweiundeinhalbtausend Jahren zu einem übergrasten Hügel zusammensank, der jetzt von zwei tiefen Gräben durchschnitten vor ihnen lag.

Beim Gang an das Gestade boten sich kleine Überraschungen, wenn sie da und dort den Nestern von Stelzvögeln begegneten, die schnell aufflogen und bitter schimpften über die Störung. Es kam auch vor, daß die Wanderer kleine braunrote Tonscherben bemerkten, die aus gelblichem Sand hervorragten, leicht am spitzen Ohr herauszuziehen; denn Troja war noch weit ausgedehnt vor dem Hügel, der den stolzen Namen der Geschichte trug und wieder trug, seit ihn Schliemann entdeckt hatte. Nicht alle Gelehrten der Archäologie gaben ihm recht, wenn er die Trümmerstätte Hissarlik als Troja bezeichnete.

Die Wanderung der beiden Menschen war ein Präriegang mit allen Zufälligkeiten, da und dort kleinem Standwasser, auch einmal Sumpf. Nach einer runden Stunde standen sie am Meer, dem hellen, flach anspielenden, heiteren Meer mit der streifenhaften Zone der Muschelschalen. Es war das ägäische, das griechische Meer, das die Frau des Heinrich Schliemann als ihre Heimat begrüßte und die Arme ausbreitete. Seit vielen Wochen war sie mit ihrem Mann im türkischen Ionien. Es gab zwar zahlreiche Siedler an diesem Strand, Turkophonen genannt, weil sie Griechen waren, die auch türkischen Laut sprechen konnten, unter sich aber griechisch redeten.

Schliemann warf die Kleider von sich und lief ins Meer hinaus, selig im Element des Fremden, das er sich bedingungslos aneignete.

Januskopf

Der Ausgräber Schliemann konnte befehlen. Er konnte Leute anstellen, die für ihn arbeiteten, konnte sie zur Tätigkeit antreiben und konnte sie entlassen, wenn ihre Arbeit nicht gut war. Aber er verdoppelte den Lohn, wenn die Leistungen erfreulich wurden.

War er nicht früher ein Unternehmer gewesen, der sich auf Menschen verstand? Immer wieder siegte seine Güte. Entlassene Arbeiter holte er zurück, wenn sie sich besonnen hatten. Manchmal meinte er, er schwebe in einem Luftballon über dem Ausgrabungsfeld und sähe aus der Höhe sich selbst und die Arbeiter als winzige Ameisen unter sich. Der Faust der goetheschen Dichtung fiel ihm ein, und er rezitierte oft die Stellen, wo der alternd Tätige den großen Kanal ausschachten ließ und ruhelos seine Mannschaft ermunterte, bis die Arbeit geleistet war.

Die Kunst der Ausgrabung befand sich noch in den Anfängen. Die Luft war voll von dem Geräusch der Hacken, Spaten und Schaufeln. Die abgetragene Erde mußte in geflochtenen Körben weggeschafft und in länglichen Haufen niedergelegt werden. Es gab Tage, wo er bis zu hundert und mehr Arbeitskräfte beschäftigte. Die Leute waren gutartig und waren froh, daß sie etwas verdienen konnten. Was brachte ihnen ihr Feldbau schon ein, der auch von Frauen und Kindern bewältigt werden konnte?

Wochenlang arbeiteten sie ohne sichtbare Ausbeute. Tonscherben kamen hervor, zerbrochene Keramik, Trümmer von Vorratskrügen und Vasen, endlich zwei Skelette. An ihren Knochengelenken hingen Kleinode, goldene Ringe, zierliche Ketten, metallene Knöpfe. Dann kamen kupferne Gefäße heraus, und alles stammte aus hellenistischen und römischen Zeiten.

Er war nahe daran zu verzweifeln. Seine Nächte wurden unruhig. Soviel aber wurde ihm mit der Zeit klar, die Stadt des Priamos bestand aus vielen Schichten, die sich übereinander legten. Eine geheimnisvolle Stadt aus vielen Jahrtausenden lag vor ihm. Straßenzüge, die sich in verschiedenen Schichten kreuzten, erinnerten ihn an die Schnittmuster, aus denen die Schneider das Bild eines Anzugs oder eines Kleides herausfinden mußten.

Die Hitze des Sommers setzte ihm und den

Schaufelschwingern zu. Er organisierte eine tägliche Zufuhr von Trinkwasser aus den entfernt liegenden Brunnen und Quellen. Wagen mit Wassertonnen schaukelten heran. Gegen das Sumpffieber verteilte er Gaben von Chinin an die Leute. Nur wenige wurden krank. Er meinte, in den Gebüschen das bärtige Gesicht des Dichters Homer zu entdecken, das seherisch blickte, und fühlte sich ermuntert, bisweilen auch verhöhnt. Die frisch hochgebrachte Erde duftete. Er hielt sich immer wieder eine Handvoll unter die Nase und roch Altertum, ausgetrocknete Verwesung, das Gewesene mit dem stumpfen Zauber einstiger Herrlichkeit.

In den Nächten, in denen nichts als die surrenden Fliegen zu hören waren, saß er neben Sophia unterm Licht der Petroleumlampe und hielt Monologe, während sie Buch führte über den Fortschritt oder den Stillstand der Grabung.

Der Glaszylinder der Lampe vibrierte. Bisweilen verirrte sich ein streunender Hund vor die äußere Tür der Arbeitsbaracke. Schliemann dachte daran, geeignete und dressierte Tiere zum Schnüffeln einzustellen. Aber die unterernährte und verkümmerte Rasse der kleinasiatischen Vierbeiner taugte nichts.

„Da schnuppere ich doch noch besser als diese Kümmerlinge", konnte er zu Sophia sagen, die lächeln mußte. Ihre Antwort war immer dieselbe. „Du bist nicht nur ein Dichter mit dem Spaten in der Hand; du hast einen besseren Instinkt als der Hund, und außerdem trägst du eine ganz neue Wissenschaft im Kopf und so viel Bildung, daß es mir manchmal graut."

Er stimmte in ihr Lachen ein und umarmte sie über den länglichen Tisch hinweg, auf dem die neuen kleinen Funde lagen, die der Tag eingebracht hatte.

Der große Monolog, für den er sich vieles aufgespart hatte, begann an einem Abend, der zu den erregendsten seines Lebens gehörte. Sophia saß ihm gegenüber und ermunterte ihn zu reden, auch wenn es verwirrend und scheinbar unsinnig sein würde, was er sagte. Er mußte neugriechisch mit ihr sprechen, um ein Echo zu erhalten.

„Fang an mit dem alten Griechisch", sagte sie zu ihm, „damit deine Sprache wirksam wird. Du mußt mit einem Hexameter anheben; Nichts höre ich lieber."

„Was ich jetzt sage, ist keine beglückende Rede", begann er, „denn sieh, ich bin verzweifelt, wenn es auch Augenblicke tiefer Freude gibt. Ich bin ein nach zwei Seiten schauender Janus und grabe fast ohne Methode. Bin ich ein Narr, auf der Flucht vor mir selbst und vor dem gekünstelten Jahrhundert, daß ich so in die alte – wie mir scheint schönere – Welt der Vergangenheit vorstoße? Was wir mit Not und Mühe aus der Tiefe heraufholen, sind Spuren von Menschen, die göttlicher und zugleich tierischer waren als die menschlichen Wesen unserer Zeit. Weshalb göttlicher? Weil sie ihr einfaches Leben freier, frömmer und getreuer verbrachten, als wir es tun. Und wer weiß, was das Tierische ist und wie tief es in den Menschen hinabreicht . . .?

Was wir bis heute gefunden haben, ist der Abraum der Jahrhunderte. Nichts Wichtiges ist bisher zum Vorschein gekommen als das eine, daß wir nichts wissen. Was aber von Bedeutung ist: Wir haben die geschichtliche Zeit, von der wir längst wissen, verlassen und kehren in eine Epoche ein, wie sie sich nicht einmal in den ältesten Sagen spiegelt. Äxte aus Stein? Sägen aus Stein? Ist es das, was wir suchten?

Primitive Krüge mit Menschengesichtern, mit dem Ausdruck frühmenschlicher Ironie, das haben wir finden können und erst seit wenigen Tagen eine Schicht von Brandschutt. Vielleicht sind wir dem Ilion doch nähergekommen. Ach, meine Zuversicht – und meine Verzweiflung! Daß unser kleiner Hügel das Troja ist, von dem Homer berichtet, darüber besteht kein Zweifel. Nur wenige lehnen meine Vermutung ab. Nun gut, ich habe mein Troja gefunden und schaufle es um und um.

Was ist ein menschliches Leben? Sein Wert besteht darin, daß es eine Idee zum Ausdruck bringt, sie mag so klein oder so groß sein, wie sie will. Ich könnte, wenn ich wollte, davon reden, daß mein bisheriges Leben in zwei fruchtbare und konsequente Teile zerfällt. Erst war ich ein unternehmerischer Großkaufmann mit erschreckendem Glück nach einer grauenhaft armen und elenden Kindheit und Jugend. Ehe ich begriff, daß man unter Menschen nur etwas gilt, wenn man Geld hat, war ich eine Flaumfeder, ohne Gewicht, vom Zufall dahin oder dorthin geblasen. Dann merkte ich, daß man viel können muß, und stürzte mich auf die Sprachen, die ich schnell und nach eigener Methode erlernte. Und schon wurde ich gebraucht. Nichts bestaunen die Menschen mehr als die Fertigkeit der Rede und des Schreibens. Ich wurde Korrespondent und Filialleiter einer holländischen Firma für Importe in St. Petersburg. Kannst du dir vorstellen, daß ich Waren aller Art einkaufte und günstig weiterverkaufte? Immer schreibend und diktierend hinter der Kopierpresse! Aber sehr schnell arbeitete ich nebenher in eigener Regie und gewann ein Vermögen. Geld! Es sprang mir von selbst in die Hosentasche. Ich war großzügig und knifflig zugleich.

Das Geld hat seine eigene Moral. Es geht dorthin, wo man es schätzt, und hat mehr Ähnlichkeit mit einer gewöhnlichen Frau, als man denkt. Aber es wirkt auf den Menschen so, daß es ihn im Lauf der Zeit aushöhlt.

Dieser Aushöhlung widerstand ich. Wodurch wohl? Durch die Liebe zur Kunst, zum Schönen, durch die Liebe zu Homer. Vielleicht ist diese meine Liebe zu ihm sogar ein Glaube. Durch diese Liebe und diesen Glauben kam ich zu dir, Sophia.

Ist es genug? Mein Leben war eine eigene Odyssee. Odysseus wollte nach dem Krieg in Troja zurück nach Ithaka. Ich wollte nach meiner Geldmacherei ‚ins Hellas', und ich verstehe die großen Dichter unseres Jahrhunderts, die ein geistiges Griechenland suchten, ob sie nun Goethe, Schiller oder Hölderlin hießen. ‚Auf rationalem Weg ein Griechenland in sich gebären', so drückt es Schiller in einem Brief an Goethe aus.

Mir aber dient der ‚ungerechte Mammon', wie Christus ihn nennt, nur dazu, um einen irdischen Teil des großen Griechenlands durch Forschung und Ausgrabung zu festigen. Was ist denn die heutige und die künftige Welt ohne Griechenland? Wir schreiben das Jahr 1871. Der Krieg in Europa zeigt, was eine Welt ohne griechischen Gedanken ist: Ein Kampf der Interessen, der Macht, im Hintergrund nur Neid und Rivalität. Griechenland aber hat uns die Schönheit hinterlassen."

Schliemann war währenddem in der hölzernen Barackenstube hin und her gegangen.

Dann saßen sie bis in die Mitternacht hinein zusammen und hörten das furchterregende Geheul der Eulen aus dem Ruinenfeld von Troja. Der stürmische Nachtwind johlte in dem zementenen Kamin der Baracke. Auf dem langen Tisch in der Mitte des Raumes lag die noch kümmerliche, aber vielversprechende Ausbeute des ersten Grabungsjahres.

Die Nacht der Dämonen

Von einer Unruhe geplagt, über deren Ursache sich Schliemann keine Rechenschaft geben konnte, ritt er an einem der Abende im August auf dem von einem Bauern gemieteten Pferd hinab in die trojanische Ebene.

Er ahnte nicht, daß es ein Abenteuer werden könnte, und hielt zunächst die Richtung auf die beiden Grabhügel, unter welchen der Sage nach Achill und Ajax bestattet waren. Auch diese Grabhügel waren eine Hindeutung darauf, daß der Hügel Hissarlik das antike Troja war, was jene namhaften Gelehrten in Europa bezweifelten. Aber so dumm und fahrlässig ist das Wissen des Volkes nicht, sagte sich der Mann auf dem Pferd, daß es nicht Ursachen und Gründe hat, die Erdhügel nach den trojanischen Helden zu benennen, wenn nicht mündliche Weitergaben vorhanden wären, die aus Ahnung entstanden sind, wenn man in die Nähe der historischen Orte gerät. Schweigend umritt Schliemann die spitz zulaufenden Hügel und überlegte, ob er nicht den Spaten in der Horizontalen ansetzen sollte. Aber es schauderte ihn vor dem Einbruch in den Mythos des Unnahbaren, das von Göttern selbst verborgen worden war. Nicht empfand er den Schauder vor den staubbedeckten Ruinen der Trojaner, die er auszugraben hoffte, waren sie doch einst nach der Niederlage geflohen, wie Homer sagte.

Die Totenasche der Gefallenen hatte der Wind zerstreut, der Wind vom Meer und der Zeit. War es nicht so, daß der Wind eine Auslese traf?

Der Name der großen Männer blieb bestehen, und Homer selbst war es, der dafür sorgte. Wort und Name sind das Erste und das Letzte, wie es schon in der Bibel zu lesen war.

Selbstvergessen ritt er weiter. Der Totengarten der ihn umgebenden, ewig sich wiederholenden Natur hauchte ihm herben Duft in die Nase, gemischt aus Blumengeistern, aus Sandgeruch, Wurzeln, frischen und welkenden Blättern, aus Sumpfdünsten und spiegelnden Standwassern. Die Sonne versank langsam überm Hellespont. Helios tauchte ein in die silbern blinkenden Wasser, wo er seine Pferde tränkte. Nachtfalter und Fledermäuse huschten, Boten der Unterwelt, die sich heraufzutasten versuchten.

Eine seltsame Benommenheit überkam ihn. Bisweilen blieb sein Pferd unbegründet stehen.

Witterte es Schlangen? Die Frösche in den sumpfigen Zonen stimmten den eintönig rhythmischen Nachtchor an, über den sich schon Aristophanes, der Komödiendichter, lustig gemacht hatte. Die Farce des „Frosch-Mäusekrieges", die man dem Homer zuschrieb, fiel ihm ein.

Das Pferd ging ohne Pfadeinhaltung weiter. Manchmal tastete es mit den Vorderläufen sichernd und ängstlich. Kimmerische Nacht überfiel den Reiter. Harpyien und Lemuren quollen aus der Finsternis und umgaukelten ihn. Aus einer verkrüppelten Weide trat ihm die Gestalt des Achill entgegen, die Lanze haltend, das finstere Gesicht im herabgezogenen Helm verbergend. Schliemann sprang vom Pferd, das er ohne Sattel hatte reiten müssen, und band es an den Ast der Weide. Er wußte nicht, was er wollte.

Die wehenden Gase des nahen Sumpfes benebelten ihn. Schon hatte er sich auf mehr als fünfzig Schritte vom Standort des Pferdes entfernt, als er menschliche Stimmen zu hören glaubte, die sich halblaut unterhielten. Er verwirrte sich – stürmisch vordringend – in dornige Sträucher, ritzte und verwundete sich. Dann wieder war ihm, als ob er gedämpften Hufschlag sich entfernend hörte. Fernher schmeichelte sich heller Anklang des Meeres in sein Ohr. Aber er sah das Meer, den sonst so schmiegsam gespannten Bogen, nicht und vernahm nur den heftigen Herzschlag in der Brust.

Nicht Angst, aber leises, versucherisches Grauen überkam ihn. Da sah er Tote und Bestattete aus dem Sumpf in der Nähe aufstehen, die ihn bedrohten. Waren es die Geister derer, die er aus der trojanischen Ruhe aufgestört hatte? Hatten sie sich in den Sumpf geflüchtet vor ihm, dem Ruhestörer? Hatte er nicht mit dem Zorn des Hades gerechnet, als er die Arbeit der Ausgrabung begonnen hatte?

Wieviel Zeit war vergangen, seit er das Pferd angebunden hatte? Er wußte den Rufnamen des bäuerlichen Pferdes nicht, rief Hylax und andere Worte. Kein Laut war zu hören.

Schliemann irrte umher, umkreiste die Stelle, wo er das Pferd verlassen hatte, mehrere Male, witterte sogar dessen Fellgeruch, der in der verdickten Luft geblieben war, fand es aber nicht. Er rief, er schrie, er pfiff. Zu spät kam ihm die Erkenntnis, daß die menschlichen Stimmen, die er gehört hatte, die Stimmen von Dieben gewesen sein konnten, die ihm das duldsame Geschöpf hinterrücks entwendet hatten.

Er fluchte auf griechisch, auf türkisch in der Meinung, die Diebe müßten ihn hören und seine Vergeltung fürchten. Zuletzt blieb er stehen und besann sich auf alle näheren Umstände seiner Verirrung. So viel war ihm klar, er wußte weder ein noch aus; er war gefangen in der Ebene des trojanischen Schlachtfeldes. Die Schlacht tobte über ihn hinweg. Er hörte die Rufe der Krieger und den Hufschlag der Pferde. Es blitzte ihm vor den Augen, er roch den Funkenduft der von den Pferdehufen getroffenen Steine und erinnerte sich an sein Knabenspiel, an den Blitz beim Zusammenschlag der Kiesel, den er immer wieder versucht und geübt hatte.

Schliemann, der Erwachsene, fiel in die Dämmerstunden seiner Kindheit zurück und wollte nicht mehr glauben, daß er vor Troja stand, das er ausgraben mußte. Zugleich erinnerte er sich, daß er das Unternehmen schon damals geplant hatte und daß ihn seine erste Frau in St. Petersburg, die Russin, ausgelacht hatte, als er den Gedanken einer Ausgrabung einmal fast scherzhaft erwähnte.

In seiner augenblicklichen Verlorenheit lehnte er sich an den geschmeidigen Stamm einer Weide, glaubte, daß ihn die Dryade, die in dem Baum wohnte, retten oder wenigstens beruhigen könnte. Als er den Stamm umfaßte, fühlte er etwas Rauhes in seiner Hand, tastete den beweglichen Gegenstand ab und merkte, daß es ein abgeschnittener Pferdestrick war. Ja, es war das Pferdehalfter. Er hatte den Beweis, daß sich Diebe seines Pferdes bemächtigt hatten. Das Losknüpfen des

Halfters war ihnen zu umständlich gewesen. So hatten sie kurzen Prozeß gemacht und den Strick zerschnitten mit einem von den scharfen Messern, wie es die Bauern besaßen.

Er mußte laut lachen, so schauerlich und dumm kam ihm der Zufall vor. Die Prüfung, die Schliemann zu bestehen hatte, war nicht zu Ende. Er hegte die Befürchtung, die Diebe, die er in der Nähe vermutete, hätten es auch auf sein Leben abgesehen. Er tastete seine Taschen ab und fand mit zitternder Hand endlich das mittelgroße Taschenmesser, das er gewöhnlich mit sich führte. Er war bereit, sich um sein Leben zu wehren. Sophia und Homer verlangten es von ihm. Vielleicht vermuteten die Tröpfe, die ihm sein Pferd entführt hatten, Gold oder Geld bei ihm, da sie wohl wissen konnten, daß er die alte Stadt ausgrub und ein reicher Mann war, wie man so sagte. Um die Klinge scharf zu machen, wetzte er sie an seinen Schuhsohlen. Er hatte vor, sich teuer zu verkaufen, wenn es hart auf hart gehen sollte.

Trotzdem hielt er sich nur für einen theoretischen Totschläger und bat mit leisen Worten Zeus, den er mit Gottvater verwechselte, um Beistand.

Für den antiken Menschen war die Nacht ein Schrecknis. In diesem Punkt fühlte er sich den alten Griechen überlegen; dennoch konnte er ihnen nachfühlen und beglückwünschte jeden, der nicht bei Nacht unterwegs sein mußte. Ihm aber war es vorbehalten, eine kimmerische Nacht zu bestehen, von allen Hilfsmitteln verlassen, jenseits der Zivilisation und ihr doch so lächerlich nahe, daß ein lauter Hilferuf Beistand bringen mußte. Also rief er, heulte er in die Nacht hinaus, rief Sophia, Jesus und Herakles an, horchte auf Antwort und hörte nicht einmal sein Echo.

Endlich sah er in der Richtung des Hügels Hissarlik, den er Troja nannte, ein kleines, schwankendes Licht auf dem Feldweg vor der Bodenerhebung. Wer konnte ihm das Licht entgegenbringen, wer war unterwegs zu ihm? Er zweifelte keinen Augenblick, daß das wandernde Licht ihm galt. Sophia mußte ihn vermißt haben. Er rief auf türkisch alle nur denkbaren Freundes- und Koseworte. Das Licht bewegte sich nicht mehr. Fast zur selben Zeit erschienen zwei andere Lichter, die vom trojanischen Hügel herabkamen. Er rief griechisch. Eine kräftige Frauenstimme, die er sogleich als die von Sophia erkannte, gab freudige Antwort. Das Licht zuvor war das eines Bauernwagens.

Als Schliemann den Feldweg erreichte, zeigte es sich, daß der Wagenbesitzer der Vater eines seiner Arbeiter war, die er gedungen hatte. Unterdessen stellten sich die beiden Lichter, die von der Höhe herabkamen, als die Handlaternen von zweien seiner Leute heraus, die in seinem Auftrag für ihn arbeiteten. In ihrer Mitte aber schritt Sophia, die sich der männlichen Hilfe versehen hatte, um ihn in der Ebene zu suchen.

Schliemann und seine Frau fielen sich um den Hals, ohne ein Wort zu sagen. Er merkte, daß sie noch mehr zitterte als er.

Beim Schein der Laterne las Schliemann auf seiner Uhr, daß es erst Mitternacht war. Der Bauer, der den Wagen hatte, war bereit, das Ehepaar auf dem leicht nach Osten abfallenden Terrain bis zum Skäischen Tor zu fahren. Die Arbeiter schliefen unweit von Schliemanns Baracke in einer nach allen Seiten offenen Hütte, die sie sich selbst gebaut hatten. Schliemann entlohnte die drei Helfer reichlich.

In dieser Nacht gewährte sich der wiedergefundene Schliemann mehr als einen tüchtigen Seemannsschluck Rum. Dann begann er zu erzählen. Innere Erlebnisse sind schwer mitzuteilen, dennoch gelang es ihm, die Sache im schlichtesten Stil zu berichten. Sein gemietetes Pferd war verschwunden.

„Noch heute Nacht könnte es regnen", sagte Sophia plötzlich, Schliemann hielt es nicht für unmöglich und führte einen kleineren Teil seiner Erregungen und Phantasien auf den tiefen Barometerstand zurück. Sophia aber stellte die von ihr geliebte Marien-Ikone auf den langen Tisch und entflammte eine Kerze. Sie betete. Schliemann faltete die Hände und wußte kein Wort mehr zu sagen.

Tatsächlich begann es nach einer Stunde zu regnen. Das anfänglich sanft sich entfaltende Wetter, das die Feuchtigkeit brachte, kam vom Meer. Die federnden Schwingen des Windes stießen um die Hügel der zu einem ansehnlichen Teil zerschnittenen und ausgegrabenen Stadt. Das offene Fenster der Baracke begann zu beben.

Im Regen sang eine überirdische Stimme; aber dann begann es, über dem Meer zu donnern. Die Erschütterung der Atmosphäre teilte sich der Erde mit. Schliemann war bereits eingeschlafen und schreckte auf. Sein erster Gedanke – aus der Tiefe des leichten Traumes geboren – war: Die nächtlichen Dämonen der Ebene, mit denen er gerungen hatte, hätten sich über ihn hergemacht.

Schnell kam es ihm ins Bewußtsein, daß sich in der Nähe etwas ereignet hatte, zugleich dachte er an ein Erdbeben. Aber er vermißte das die Beben begleitende Rollen und das Ächzen des Holzgebälkes. Er stand auf und ging ins Freie. Da kam ihm mit der brennenden Laterne einer von den beiden Türken entgegen, die sich nebenan in ihrer Hütte niedergelegt hatten.

Der Mann wußte schon mehr und bedeutete

Schliemann, im großen Graben von Ost nach West sei es zu einer plötzlichen Erdbewegung gekommen. Sie stiegen in die Tiefe der ausgehobenen Senke und sahen sie nach zwanzig Metern in der Mitte bis über Mannshöhe verschüttet. Der warme Regen hatte die weiche Masse locker gemacht, und da man in der Eile nicht an eine Stütze gedacht hatte, war es zu dem zufälligen Ereignis gekommen. Schliemann glaubte, in der Geröllmasse mitgerissene Gegenstände zu sehen, aber er täuschte sich. Im schwankenden Licht der Laterne verschoben sich die Nähen. Er gab dem gefälligen Türken den Befehl, gleich in der Morgenfrühe mit der Aufräumung und dem Abtransport der Massen zu beginnen, und ernannte ihn zum Aufseher über die angeordneten Maßnahmen.

In die Baracke zurückgekehrt, berichtete er Sophia den Vorfall. Sie war bereits aufgestanden und hatte die Petroleumlampe zum Leuchten gebracht. In diesem Augenblick kam es ihm zum Bewußtsein, daß er zuviel von ihr verlangte und daß die Grabung für das laufende Jahr abgebrochen werden müsse.

Einige Worte wurden hin und her gewechselt; er war noch nicht losgekommen von den Eindrükken seines Abenteuers in der Ebene und sagte halb verwirrt und zugleich überwach: „Schlimmer als die Dämonen, an denen ich nicht zweifle, ist der unberechenbare menschliche Neid, der sich zu Ereignissen zusammenballen kann und gleichsam örtliche Gewalt annimmt. Wer weiß, ob nicht beide Erscheinungen das nämliche sind. Unsere Begriffe reichen da nicht aus. Wenn einer – wie ich – das Ungewöhnliche will, fordert er die Hölle heraus. Ich werde aber trotz allen Hindernissen und Querschlägen beweisen, daß der Hügel Hissarlik das historische Troja ist. Mag ich mich auch im einzelnen irren und mag manches in der Schwebe bleiben, Homer hat recht und ist der beste Chronist."

Sophia antwortete halb schlafend mit einem frohen Ja und fügte hinzu: „Du sprichst bisweilen mit dem Schicksal, mein Lieber!"

Der Regen rauschte auf Troja.

Der Sonnengott

Es war Tychae, die Zufällige, aus der die flinken Römer die schickliche Göttin Fortuna machten, die Schliemann im Frühling nach seiner ersten Grabung in Troja überfiel.

Nur wenige Monate hielt er es in der Stadt aus, sich erfreuend an seiner kleinen Tochter, die er Andromache nannte, und an seiner Frau, die viel eher für die freie Luft an seiner Seite geschaffen war, als für die menschliche Gesellschaft mit ihren Grenzen und Schwachheiten in einer Stadt. Mit dem bald eintretenden Frühjahr zog es die beiden zurück nach dem Hügel Hissarlik und dem begonnenen Werk.

Sogar der aufgeworfene Hügel begrünte sich. Persephone pochte mit ihren Blumenfingern an die Kruste der Erde. In den Rinnen und Gräben, die er hatte ziehen lassen, rannen die lehmigen Winterwasser der Ebene zu.

Er ließ mehrere Plattformen und natürliche Terrassen anlegen, wanderte auf ihnen und zwischen ihnen umher, genoß die Aussicht auf Ebene und Meer, bemühte sich um den Sockel eines vermuteten alten Turmes und wurde der Meinung, er hätte jenen Turm gefunden, von welchem einst Priamos seinen Angehörigen das Umfeld gezeigt hatte, in einiger Ferne das griechische Feldlager mit den Zelten. Ein leiser Schauder der Entdeckung überkam ihn, als er mit Sophia dort stand und ihr die Topographie des Krieges erklärte. In weiter Ferne erkannte er die kleine Insel, wo sich die griechischen Schiffe verbargen, die er sich wie Schildkröten lauernd und sich duckend vorstellte.

Auf Schritt und Tritt begleitete ihn das Buch der Ilias, ihm mehr wert als jede noch so genaue neuere Karte, die ihm mit ihren leeren weißen Stellen nichts sagte.

In steten, forschenden Gedanken umkreiste er den halb ausgegrabenen, in beträchtliche Tiefe reichenden felsigen Klumpen, auf dem der Athene-Tempel gestanden haben mußte, und hoffte auf den großen, aufklärenden Zufall. Die Arbeiter erreichten eine Tiefe von zwölf Metern. Dann befahl er Halt. Der Klumpen bröckelte. Jede Erdscholle untersuchte er. Es fanden sich zerbrochene Dachziegel. Jedes Trümmerstück sang für ihn Triumph. Noch wartete Tychae mit ihren Wundern.

Der Frühling blühte bald zu Ende. Die große

Hitze begann. Das lange Trümmergras wuchs aus. Troja hüllte sich in grünes Schweigen und lag erstarrt.

Erst im Juni, am achtzehnten Tag des Monats, öffnete sich der lehmbraune Schlund und ließ dem Sockel des Tempels gegenüber einen Block aus parischem Marmor in der Wand sehen, eine Bildmetope, wie sie zwischen den Dreifingergruppen unterm Gebälk die Länge einteilten, ein Fundstück von großartiger Schönheit. Der Block hatte die Länge von zwei Metern und war auf der Vorderseite reliefartig behauen. Was aber sah Schliemann? Den Sonnengott Helios, sich haltend hinter vier ausgreifenden Hengsten, die mit ihm in das Weltall schnoben. Jedes der Pferde hielt den gereckten Kopf auf besondere Weise. Die Pferdebeine überschnitten sich. Der Wagen des göttlichen Fahrers blieb überirdisch verschwunden. Luft riß am Gewand des Gottes und teilte es. Helios war gekrönt von den Zacken seiner aus dem Haupt strahlenden Lichtquelle.

Troja hatte einen Tempel gehabt. Die Meißelung war pergamenisch und wohl aus der Zeit des großen Alexander. Schliemann hatte einen Beweis in die Hand bekommen:

Die Stadt, an deren Tatsache und Auffindung er glaubte, war nach ihrem Untergang wieder bewohnt gewesen und besaß ihre Tradition. Sie war weder Grabstätte und Verbrennungsort anderer Siedlungen, noch war sie lediglich ein Traum oder eine Vision von ihm. Nun hatte er das erste Stück in der Hand, das seine fanatische Vermutung stützte. Daß es der Sonnengott war, dessen Bild er der Erde entrissen hatte, erfüllte ihn mit abergläubischer Freude.

Er pflückte einen Strauß mit Akanthusblättern, mit frühen Rosen und Asphodelen, des unteren Reiches gedenkend, und brachte ihn Sophia in die Baracke, wo sich die Gatten umarmten und in ihrer Freude zu singen begannen. Die Arbeiter hatte er nach der vorläufigen Aufrichtung des Fundes mit vollem Tageslohn nach Hause geschickt.

Der Triumph erfuhr eine Dämpfung, als er sich überlegen mußte, was er mit dem Fund machen sollte. Den Sonnengott an die türkische Regierung abzuliefern, hatte er keine Lust, weil er durch Mittelsmänner erfahren hatte, daß man in Istanbul daran dachte, seinen Vertrag mit den Behörden zugunsten der Regierung zu ändern. Man wollte ihn künftig nötigen, nicht nur die Hälfte der von ihm ausgegrabenen Funde abzugeben. Man wollte alles haben. Wohin aber nun mit dem Block?

„Ich muß es mit der Schlauheit des Odysseus versuchen“, sagte er zu Sophia und hatte bereits seinen Plan. Um sie nicht zu ängstigen, verhandelte er mit dem Fischer, der längs der trojanischen Küste den Fang betrieb, und überredete ihn, den Block auf sein Boot zu hieven. Außerdem hatte der Fischer den Auftrag, den Kapitän des Dampfschiffes, das in Canakkale anlegte, durch eine hohe Zahlung zu bewegen, daß er den Transport der auf offener See zu übernehmenden Fracht nach Piräus leiten solle. Von dort sollte der Sonnengott behutsam ausgeschifft und in Schliemanns Wohnung gebracht werden.

Der türkische Fischer legte in der Nacht nach drei Tagen an einer Stelle des Strandes an, wo das Wasser eine zureichende Tiefe hatte. Schliemann wünschte nicht, selbst ein Beobachter des Vorgangs zu sein. Der mit Segeltuch verpackte Gott wurde nach kurzer Schaukelfahrt vom Dampfschiff mittels einer Winde übernommen, worauf der Kapitän – wie es verabredet war – ein kurzes Dampfsignal gab, das den glücklichen Vollzug der Handlung verkündete. Schliemann hörte das Signal in der Baracke und konnte Sophia berichten, der Gott des Äthers habe seine erste Seefahrt vor sich. „Odysseus", sagte sie und klatschte in die Hände.

Was sich hernach begab, berührte Schliemann kaum. Er ahnte zwar, daß die Sache in Istanbul ruchbar geworden war, und erhielt auch nach kurzer Zeit eine Aufkündigung seines Grabungsvertrages, die er abwies. Das Graben selbst war ihm nicht untersagt; aber man schickte ihm einen behördlichen Aufpasser auf den Hügel. Solche Leute – das wußte Schliemann – waren gewöhnlich Strolche, die es mit beiden Seiten hielten. Sie mußten gut verpflegt und im übrigen als Herren behandelt werden.

Odysseus

Die heißen Sommerwochen waren angebrochen. Das lange Gras des kurzen Frühlings begann zu dorren. Eine neue Plage stellte sich ein: Der Staub. Er legte sich überall nieder, drang in die Spalten der Baracke, entfaltete ein All-Leben und war nur durch heftigen Gewitterregen zu löschen. Mit Jupiter Pluvius, dem der Regen unterstand, hatte der aus poetischen Gründen göttergläubige Schliemann keine Möglichkeit der Unterhaltung. Selbst um klingenden Lohn, wenn er solchen dem Unbestechlichen antragen wollte, war der Gewaltige nicht zu bestechen; da war es schon besser, wenn die griechischen Popen im Hinterland eine Bittprozession machten. Aber für den Ausgräber, der nach ihrer Ansicht heidnische Wünsche und Anliegen hatte, ließen sie sich nicht herbei.

Schliemann hatte Grund, einigen seiner Arbeiter zu mißtrauen, die unbemerkt kleine Funde machten, was kaum zu vermeiden war. Er war nicht geneigt, in jede Staubwolke einzudringen, in welcher sie arbeiteten. Wieder besann er sich der Schlauheit des Odysseus und machte den Türken weis, daß sie ein gottgefälliges Werk taten, indem sie gruben. Als dieser Hinweis nichts fruchtete, erzählte er ihnen die Legende, der Prophet Jesus, den sie nebenbei verehrten, habe während seiner Lebenszeit einst den trojanischen König Priamos besucht. Als ihm einer der klügeren Türken darauf den Einwand machte, ein solches Zusammentreffen sei in der Zeitfolge doch nicht möglich gewesen, erwiderte er: „Es ist bekannt, daß Jesus schon bei der Erschaffung der Erde vorhanden gewesen ist; denn sein Jünger Johannes hat bezeugt, daß sein Herr dabei war, als die Schöpfung geschah."

Die biblische Exegese machte Eindruck auf die Türken. Überdies ließ Schliemann auf der Rampe, wo sie arbeiteten, eine Christus-Ikone aufstellen. Er schärfte ihnen ein, daß sie keine Funde, die sie machten, beiseite schaffen sollten. Der Prophet Jesus schaue ihnen immer auf die Finger, sagte er.

Das Beiseiteschaffen seines eigenen Fundes entschuldigte er für sich ganz unbiblisch und verwies auf die Hinterhältigkeit der türkischen Regierung, die den Vertrag mit ihm brechen wollte, weshalb er seine eigenmächtige Handlung streng juristisch rechtfertigte.

Tychae, die göttliche Zufälligkeit, sollte und mußte ihm helfen.

Es ist eine wohlbekannte Erfahrung im menschlichen Leben, daß sich die ungewöhnlichen und glücklichen Ereignisse durch ein seltsames Ruheverhalten im Gemüt des Menschen ankündigen.

Schliemanns Anfangserfolge bei der Grabung in Troja lockten Neugierige und forschungsbeflissene Männer an, die sich bei ihm auf dem Hügel einstellten und Anteil nahmen an seiner Arbeit. Es kam noch hinzu, daß er in einigen europäischen Zeitungen Berichte geschrieben hatte, die einen Aufruhr in der gelehrten Welt verursachten. Gehässige Auslassungen gegen ihn nahm er kaum wahr, dagegen hörte er gern kritische Winke, die ihm gegeben wurden. So war es nicht zu verwundern, daß er von Besuchern förmlich überfallen wurde, die mit ihm durch die Staubhölle des Grabungsfeldes schritten, dann und wann auch bei ihm in der Baracke nächtigten und vieles von ihm wissen wollten. Bei solchen Gelegenheiten enthüllte er vor solchen, denen er sein Vertrauen schenkte, sein sprachliches und erzählerisches Vermögen.

Da die Besucher vor allem wissen wollten, wie er zur Archäologie gestoßen sei, berichtete er den Zuhörern von seinen ersten und tastenden Versuchen, die er ganz allein und zunächst noch unvertraut mit den Methoden der Ausgrabung auf der Insel Ithaka gemacht hatte.

„Ithaka und der König Odysseus, der dort gelebt hat", so begann er eines Abends zu erzählen, „Odysseus, der unmäßige Schlaukopf, der so vieles auf der Heimkehr von Troja erdulden mußte, ist in mancher Beziehung mein Vorbild. Man weiß ja, und es steht in vielen Zeitungen über mich zu lesen, daß ich mir in wenigen Jahren ein ansehnliches Vermögen erworben habe, das mir heute erlaubt, meinen Forschungen zu leben. Ganz gewiß bin ich ein merkantiler Kopf, der von vielem Wind in der Nase hat, und ich will nicht leugnen, daß ich immer früher aufgestanden bin als andere, die vielleicht glauben, es genüge, wenn man gegen Mittag zur Börse gehe und sehe, wie die Aktien stünden. Meine Aktien waren die Zeitungen und die besonderen Nachrichten über Umstände, die in der Welt dauernd eintreten. Aber wozu erzähle ich das, was sich auch andere aneignen können, die sich aufs weite Meer der Geschäfte begeben und manchen odysseischen Schiffbruch erleiden, wie er mir erspart blieb?

Als ich mein merkantiles Boot in Sicherheit gebracht hatte, hielt ich trotz dem Erfolg mein Leben für unnütz. Allerdings darf ich nicht verbergen, daß ich von Jugend an und gleichsam mit der

Muttermilch die archaische Lebenswelt in mich eingesogen habe, was schon in meinen Kinderspielen sich ausdrückte. Ich schoß gern mit dem Flitzbogen, spielte den Helden und hatte so gut wie keinen Sinn für Hüpfen und Springen in vorgezeichneten Kreisen, mit Kreide gezogen, wie andere Kinder meines Alters.

Die Ilias und die Odyssee las ich, sobald mir die Buchstaben etwas sagten, in Kinderbüchern, prosaisch für die Schuljugend hergerichtet, und war auf diese Weise in der Antike unterrichtet, ohne noch ein Wort in der griechischen Sprache unter die Augen bekommen zu haben.

So reiste ich eines Tages nach meiner geschäftlichen Zeit auf die Insel Ithaka, unweit von Korfu, das ich für das Land der Phäaken halte.

In Vathi, der kleinen Stadt auf der Insel Ithaka, mietete ich mir ein Zimmer und schaute zu den Felsen hinauf, wo ich die Burg des Odysseus vermutete. Ich fand die von Homer genau beschriebene Grotte der Najaden; dann bestieg ich mit einem Einheimischen den Berg Aëtos, entdeckte oben zwei parallele Einschließungsmauern und eine Zisterne. Der königliche Palast, auf dessen Grundmauern ich angekommen war, vermittelte mir einen schauerlichen und zugleich erhebenden Eindruck. Alles Lokale findet sich im Text des Homer, welcher die Gegend in der Odyssee genau schildert. Auf Schritt und Tritt begegnete ich seltsamen Zeugnissen der alten Zeit. Erinnerlich ist mir die Entdeckung eines Aschenkruges, der irgendwo versteckt lag, und ich war der unbewiesenen Ansicht, die Asche des Odysseus und seiner Gattin Penelope in der Hand zu halten.

An einem der nächsten Tage, als ich mehrere Begleiter dabei hatte, war es auf der Insel bereits herumgesprochen worden, daß ich auf der Suche nach der großen Vergangenheit war, und alsbald kamen viele Ortsansässige und wollten von mir wissen, ob es die Wahrheit sei, was in den Büchern über den König Odysseus stand. Ich nahm meinen Homer in die Hand und las ihnen den neunzehnten Gesang der Odyssee vor, wobei ich nur an wenigen Stellen den Text in das Neugriechische übertragen mußte. Ich erlebte einen Tag wie im Altertum. Die Leute waren gerührt und begeistert, als sie die Geschichte hörten, wie sich Odysseus und Penelope wiederfanden, ja sie bezeigten ihre Dankbarkeit für die im Freien unter einem Ölbaum von mir veranstaltete Rhapsodie, daß sie mir auf dem gemeinsamen Heimweg durch Vathi aus ihren Häusern Gartenfrüchte brachten und von mir als einem Menschen schieden, der sie mit ihrem eigenen ithakischen Vergangenheitsruhm bekanntgemacht hatte.

Was soll ich mehr erzählen?

Morgen vielleicht oder übermorgen werden wir in Troja eine andere Geschichte erleben. Ich habe den Eindruck, daß eine Überraschung bevorsteht."

Schliemann war kein schlechter Prophet.
Anfang des Juni im Jahr 1873 machte er eines Morgens die Entdeckung, die an ein Wunder grenzte.

Unweit des „Skäischen Tores" sah er im Vorbeigehen in einer Mauerspalte, die er spielerisch erweiterte, einen geräumigen Kupferkessel aufblinken, in welchem er reale Dokumente der Vergangenheit vermutete. Kaum war es ihm zur Gewißheit geworden, daß ihm Tychae günstig gesinnt war, entließ er die Arbeiter, zahlte ihnen den wöchentlichen Lohn voraus und machte sich mit Sophia, die er auf Rufweite verständigt hatte, an die Befreiung des Fundes aus dem Schlund der Vergangenheit.

Als er den mittelgroßen Kessel unter Staub und nachbröckelndem Schutt zur Hälfte geöffnet hatte, glänzte ihm eine Fülle von kunstvoll verarbeitetem Gold entgegen, das in seiner ungeordneten Häufung aussah, als hätte es ein flüchtender Diener vielleicht bei Nacht schnell in einem Palast zusammengerafft und vor umherstreifenden Feinden in Sicherheit gebracht. Da lag ein Schatz, der sein

Herz fast zur Erstarrung brachte, und sprach in seiner mehr als dreitausendjährigen Unschuld einen Zauber aus, als hörte er einen Gesang Homers zur klirrenden Lyra, eine heraufschimmernde Erfüllung seines trojanischen Traumes.

Er dachte an den Untergang der Stadt und an den Tumult der verwirrenden Stunde, als die Achaier in die Stadt eingebrochen waren; Priamos ermordet, die trojanischen Bürger niedergemacht, die Stadt brennend, – ein antikes Bild, wie es oft gemalt worden war in der griechischen und römischen Kunst. Sophia holte eilends aus der Baracke ein großes wollenes Tuch und schlang es um die Kostbarkeiten, wie er sie ihr einzeln herausreichte, worauf sie alles in großer Hast zur Baracke trug. Helios brannte unbarmherzig auf sie beide herab. Schliemann, der mit einem langen Messer im Erdreich geschabt und gewühlt hatte, immer fürchtend, die haltende Wand stürze auf ihn nieder, zitterte vor Erregung.

Sophia eilte hin und her, streichelte die Gegenstände, die alle vom hellsten Gold waren, und sah zum Himmel auf, den Helios mit seinem Brand einzuschmelzen gesonnen war und der wie Email schillerte.

Durch Schliemanns Hand ging eine goldene Flasche mit kugelrunder Bauchung. Dieser folgte ein goldener Becher, aus seinem Inneren leuchtend, diesem ein becherartiges Gefäß mit zwei halbgeöffneten Lippen, zum Antrinken mit einem verehrten Gast geeignet, dann im Anstieg zur vollkommenen Form und Schönheit ein Diadem aus hängenden Blättchen, Schmuck für eine Prinzessin, sechs goldene Armbänder, eine Masse goldener Knöpfe und zuletzt zwei kleinere goldene Becher.

War es Schliemann, dem Jünger Homers, zu verdenken, daß er, um den Fund nicht gering zu achten, ihn den „Schatz des Priamos" nannte? Da er doch um einen mythologischen Namen besorgt sein durfte? Für ihn war der große Glanz ein Geschenk der Götter, Bestätigung seiner Vision und die Wirklichkeit gewordene Erzählung des Homer, der von Gold wußte, das in den herrschaftlichen Höfen der alten Zeit zu finden war.

Gold, das war die große Vergangenheit, war Sage und Zauber. Wer wollte ihm den Traum entreißen, den er in Händen hielt?

Der Tag der Entdeckung ging nicht zu Ende wie ein gewöhnlicher. Der Abend wurde ein Dankgesang. Als sich die Nacht senkte, legte er Sophia das goldene Diadem mit den klingenden Goldblättchen um Kopf und Schultern, nannte sie Helena, Prinzessin aus Troja. Neben ihrem ebenmäßigen, fast fürstlich strengen Gesicht kam ihm sein eigenes, das er im Spiegel sah, wie das eines pfiffigen Hephaistos vor.

Den Ort der Auffindung des Schatzes verriet er niemandem. Die Götter waren nach seiner Meinung Partei und wollten nicht bekanntgeben, wem sie ihre Gunst zugeteilt hatten. Sie verlangten auch von ihm, mit denen er im Traum und im Wachen sprach, daß er die ihm anvertraute Hinterlassenschaft verberge und in Sicherheit bringen müsse, – auf die Odysseus-Schlauheit seines Wesens vertrauend.

Seit ältesten Zeiten beförderte man kostbaren Schmuck am besten in Frauenkleidern, welche von Männerhänden nicht berührt werden durften. So wollte er handeln. Es mußten getragene Kleider sein, in welchen sich noch der Duft der Trägerinnen hielt. Also versteckte er das Gold in solchen unberührbaren Habseligkeiten, tat sie in einen gewöhnlichen Koffer und schaffte diesen nach Canakkale, wo er ihn als Frachtgut nach Athen wiederum beim Kapitän des Dampfschiffes aufgab.

Hätte er den Schatz – wie man das später zu tun pflegte – auf eine entsprechende Summe versichert, so hätte das die Götter verärgert. Wenn sie auch nicht mehr regierten, so waren sie doch zu achten, wie man auch verstorbene Menschen achtet, fürchtet und zugleich verehrt.

Leer war nun für ihn und Sophia die Stadt Troja. Die beiden gingen umher wie Menschen, die einen Götterspruch vernommen und ihn in die Sprache einer Zeit übersetzen mußten, in der man keinen Opferaltar mehr kannte, sondern die stille Ikone der Andacht.

Für den Rest des Sommers und für den zeitig mit Regen einsetzenden Herbst hatte Schliemann genug zu tun mit der Aufzeichnung seiner Erlebnisse und einer genauen Berichterstattung über die fortgeschrittene Grabung.

Schriftsteller zu sein, war ein merkwürdiger und anstrengender Beruf. Bald wurden die Seiten, die er schrieb, zu feurig und begeistert, bald zu nüchtern und zeitungsgemäß. Da half ihm aber wieder Homer, der in seinen Einsätzen immer so kühn und unmittelbar begann, um dann in stetem Gleichmaß weiterzuschreiten und so zu tun, als wäre das alles, was er erzählte, so einfach und selbstverständlich, als könne es gar nicht anders sein, ja als könne jeder das Ungewöhnliche der Erzählung selbst erlebt haben und dürfe es zur Unterhaltung am häuslichen Herd hervorholen, ob man ihm nun glauben wolle oder nicht.

Wie schön war es, daß Homer mit den Göttern umging, als kenne er sie genau. Im richtigen Augenblick ließ er sie verschwinden, unsichtbar werden, enteilen, sich verwandeln und wieder an ihrer

Tafel sitzen, tief unter sich den Erdkreis, mit Schlachten, mit Sieg und Untergang, und doch durch geheimes Wissen den kleinen Menschen verbunden, helfend oder Schaden stiftend.

Da saß nun der Schreiber Schliemann, konnte seine Erzählung nicht mit äolischem Witz würzen und war froh, wenn ihm eine getreue Wiedergabe seiner Bemühungen um das versunkene Troja halbwegs gelang. Eine Hilfe für ihn war, daß er seine Berichte in verschiedenen Sprachen, die ihm zu Gebot standen, niederlegen konnte. Da war das sachliche Englisch, das er beherrschte, dort das elegant plaudernde Französisch, das lapidare Deutsch. Er schrieb auch altgriechisch und neugriechisch, italienisch und spanisch. Des Russischen, das er äußerst geläufig sprach, enthielt er sich bei seinen Niederschriften; denn was wollten die Skythen vom alten Troja viel wissen.

Die Harpyien

Harpyien, Windgeister, geflügelte, böse Jungfern, auch die Raffenden und Entführenden genannt: Türmern und Seefahrern waren sie bekannt. Sie landeten im Dunkel der Nacht, richteten Schaden und Unheil an. Ihr innerster Antrieb war der Neid. Schliemann hatte sie in seinem früheren Leben nicht zu fürchten gehabt. Nun aber machten sie sich an ihn heran mit der Absicht, seinen jungen Ruhm als Archäologe zu untergraben.

Kaum waren seine ersten Veröffentlichungen und Bücher über Troja erschienen, da flogen die Geister über sein Haus in Athen und setzten sein begonnenes Werk hämisch mit neidigen Einwänden herab.

Die schlimmste Beschuldigung, die sie gegen ihn richteten, kam aus dem Anstoß, den sie an seinem Reichtum nahmen. Zudem war er kein eingeschulter Gelehrter mit der Brille auf der Nase, kein imponierender Vollbart, kein Dozent auf der Hochschule und überdies in ihren Augen ein

Hochstapler, der die gelehrte Fachwelt vexierte.

Seine Aufsätze in der „Times“ – im besten Englisch geschrieben – erregten ungeheures Aufsehen. Der Name Schliemann war für die gelehrten Harpyien das Stichwort für Lästerungen, die so weit gingen, daß sie die Existenz Trojas auf dem Hügel Hissarlik bezweifelten, seine Ausgrabungen als „Raubzüge“ verdächtigten, das gefundene Gold als Goldschmiedeschwindel neuerer Zeit erklärten und im Nachvollzug den ganzen Homer und den Trojanischen Krieg als „Poesie“ erklärten.

Schliemann begann zu reisen, allein und mit seiner Frau. Er hielt Vorträge in allen Hauptstädten von Europa, warb für Troja und Homer, für die Einheit von Poesie und Wirklichkeit, gegen den verwissenschaftlichten Zweifel, und so kämpfte er auf seinem Gebiet wie der siegreiche Bismarck in der Politik; denn auch ihn ließen die Besserwisser nicht schlafen.

Der „Schatz des Priamos“, wie Schliemann seinen Fund voreilig und poetisch nannte, wurde allgemein zum Auftakt für alle künftigen Grabungen, ob sie in Olympia, in Delphi oder in Epidauros von anderen begonnen wurden. Schliemann wurde zum Anstoß für eine ganze Epoche.

Zu den Harpyien gesellte sich auch die türkische Regierung, die durch Schliemanns offenes Geständnis über die Sicherstellung des trojanischen

Schatzes einen Prozeß gegen ihn anstrengte, der allerdings zunächst im Sande verlief. Schliemann ließ die Regierung wissen, daß durch die Ausgrabungen die Neugier der Touristen auf das türkische Kleinasien gelenkt wurde.

Da die Neugier Schliemann als der eigentliche Antrieb zu jeder natürlichen Entwicklung erschien, suchte er diese schon frühzeitig in seiner Tochter Andromache zu wecken.

Sophia gab häufig kleine Gesellschaften, zu welchen sie ihre Verwandten einlud. Dabei konnte es vorkommen, daß Schliemann für den immer größeren Kreis seiner Bewunderer Stühle benötigte, die dann aus dem Haus zusammengetragen wurden. Er hatte in aller Stille eine eigene kleine Akademie gegründet, ein privates Auditorium, das ihm zuhörte, wenn er erzählte. Es kam auch vor, daß der griechische König einen Sohn in die Schliemannsche Hausakademie abordnete, was zur Folge hatte, daß sich der athenische Hof für die Ausgrabungen erwärmte. Medaillen und Orden flogen ihm zu. Schliemann gewann den Ruf und die Achtung eines kulturellen Regenten, wenn man ihn in gewissen Kreisen auch verächtlich als reichen Nabob abtat.

Tag für Tag ging Schliemann in ein athenisches Caféhaus und las dort die ausländischen Zeitungen. Das Zeitungslesen trug ihm den Wind aus der

Welt zu. Er hatte es schon als junger Kaufmann in Amsterdam und in St. Petersburg so gehalten und stets Gewinn daraus gezogen. Die Zeitung ist das Kursbuch der Weltbewegung, die gestikulierende Landkarte, sagte er. In der Erde aber stecken die Zeichen der Vergangenheit.

Eines Abends, als die Schliemannsche Akademie wieder versammelt war, wurde der Hausherr gefragt, ob es denn wahr sei, daß er ein besonderes und gleichsam magnetisches Verhältnis zu Gold habe. Die Frage war naiv gestellt. Um so einfacher und überraschender war Schliemanns Antwort. Er sagte, daß von seiner Seite nie in seinem zurückliegenden Leben das Trachten nach Gold bestanden habe; umgekehrt aber hätte er den Eindruck, daß er ein Mensch sei, dem das Gold, wo auch immer, nachzulaufen scheine.

„Ob man es für möglich hält oder nicht“, begann er zu erzählen, „ich fuhr eines Tages aus St. Petersburg, wo ich meine Geschäfte betrieb, nach Kalifornien, wo ein Bruder von mir gelebt hatte, der dort einer Seuche zum Opfer gefallen war. Ich mußte mich um seine Hinterlassenschaft kümmern, die nicht bedeutend war. In Sacramento City angekommen, erlebte ich, daß dort soeben der Goldrausch ausgebrochen war, denn man fand Gold und Goldstaub in allen Ecken und Winkeln, im Sacramento-Fluß, aber auch auf Halden, ja überall im Erdboden. Was tat ich, um die Unkosten meiner weiten Reisen wieder einzubringen? Ich gründete ein Bankhaus, verlieh Hypothekengeld und kaufte täglich von den abenteuerlichen Gestalten der Goldgräber den mir von ihnen angebotenen Goldstaub in großen Mengen, verkaufte ihn mit Gewinn nach England und erwarb mir im Laufe eines Jahres ein ansehnliches Vermögen. Um reich zu werden, muß man nicht nur früh aufstehen und viel arbeiten, man muß auch gut zu Mittag essen und darf nie ein Etablissement betreten, wo gespielt wird. Das Gold, scheint mir, liebt die menschliche Selbstzucht und die Moral. Das Gold, das ich in Troja gefunden habe, ist dagegen ein Geschenk des Himmels. Um über die Symbolik des Goldes etwas zu sagen: Es ist Magie, Gewährung einer himmlischen Zuwendung und deshalb die Spiegelung eines unfaßbaren Schatzes, der uns zufällt, wenn wir ihn nicht suchen."

Die Kehrseite des sagenhaften Glückes, das man Schliemann zuschrieb, zeigte sich in der unruhigen Zeit nach Troja. Von behördlicher Seite in Athen wurde ihm heftig mißtraut. Die sagenhaften Harpyien verwandelten sich in den Amtszimmern dort in kleinliche Bürokraten, welche seine Ausgrabungspläne unterliefen. Die Ausstrahlung seiner Person, zurückgehend auf eine seltsame Mischung von Philosophie und Tatkraft, bestürzte diese Kleingeister. Daß er sich an kühlen Tagen mit einem schwarzen, pelzgefütterten Mantel umgab, der so ausladende dekorative Ärmel hatte, daß man seine Hände nicht sah, verlieh ihm das Aussehen eines östlichen Potentaten und erregte bei den Amtszimmerseelen Furcht, Achtung und Haß zugleich.

Zweimal stand er in Gerichtssitzungen vor den amtlichen Turbanen, bis er merkte, daß er Geschenke machen mußte. Der Streit um den trojanischen Fund zog sich hin bis in das kommende Jahr, wo man Schliemann zu einer Geldbuße verurteilte. Er aber überbot die Strafe, indem er das Zehnfache des geforderten Betrages freiwillig zahlte und dafür einen neuen Vertrag erwarb, wodurch er seine künftigen Grabungen in Troja sicherte.

Vor seinen Augen erhob sich bereits das zyklopische Gebirge der Burgtrümmer von Mykene, das er flüchtig einmal gesehen hatte. Homer erwähnt in seiner Odyssee die goldreiche Feste. Da er ihm glaubte, wollte er das Geheimnis der Fürstenstadt mit dem Spaten lüften. Er vergrub sich in die griechische Vorgeschichte, sah aber bald, daß alle Theorien und Hinweise versagten und daß ihn nur die Wirklichkeit einer Ausgrabung weiterbringen konnte.

Der Fürst Agamemnon, wie ihn Homer in der

Ilias schilderte, war der tragische Held der Burg. Um ihn her nur Streit und Schuld. Der Sage nach fiel er einem Meuchelmord zum Opfer. Das war kein Troja an der äolisch tönenden Küste von Kleinasien, sondern das Herrenland eines gewaltigen Bauernkönigs im nordöstlichen Gebiet des Peloponnes, wo es im Sommer glühend heiß und im Winter rauh war. Seit der frühen Zerstörung der Burg – vermutlich durch ein Erdbeben – war das Denkmal der Vergangenheit zugeschüttet. Ziegen weideten jetzt dort. Die Wolken hingen tief herab, zerrissen vom himmelhohen Kamm des hinter ihm sich hebenden Gebirgszuges, der nie von Menschen beschritten worden war.

Tiefer in die griechische Prähistorie mußte der Spaten stechen, abgetrennt von der hohen Zeit kultureller Blüte. Schon in Troja war Schliemann in Zonen des Dunkels geraten. Stand nicht Homer, sein Wegweiser, schon am Beginn der goldenen Epoche, vieles wissend und bewahrend?

Immer ist der Dichter ein Nachkommender, weil sich nur erzählen läßt, was einmal war, nicht was ist. Und doch sammelt sich in ihm die Vielfalt der Legenden und Sagen, wie sich in der Zisterne das Wasser von Jahren sammelt.

Agamemnon

War es möglich, Mykene von Troja zu trennen, den Halbgott Achill vom unglücklichen Herrscher Agamemnon?

Moira, die Schicksalsgöttin, hat beide verkettet. Fiel dort Troja, dann mußte hier Mykene fallen. Der Krieg verschlang Sieger und Besiegte, Fallende und Heimkehrer. Mykene, die „goldreiche" – von Homer so benannt – sollte sie nicht für Schliemann das ergänzende Ziel sein und der Höhepunkt in seiner Eroberung der Vergangenheit?

Noch glaubten die neuen Griechen – wie Schliemann wußte – an die Macht der Moiren, wenn auch Jesus Christus die Welt erneuert hatte. Nicht auszurottender Aberglaube, tief und unergründlich wie die Erde!

Mit zwanzig Arbeitern, die er in der Eile aufgeboten hatte, zog Schliemann zur verschütteten Burg des Agamemnon und ließ dort Gräben ziehen.

Das erste, was er entdeckte, war das halb verschüttete Tor mit den beiden in das krönende Dreieck gestellten steinernen Löwen. Dann wurde ihm seine Unternehmung von der Regierung in Athen verboten. Streit lag in der Luft. Wurden der griechischen Regierung Winke von Istanbul gegeben, daß der reiche Ausgräber eigenmächtig und eigensüchtig handle? Widersetzten sich die archaischen Löwen überm Tor? War es Agamemnon selbst in seiner Gruft, der sich gegen ihn sträubte oder der Gott der Unterwelt und Herr des tief liegenden Goldes, dem er einen Teil seiner Schätze entreißen wollte?

Nicht nur Homer, dem er vertraute und der vom mykenischen Gold geträumt hatte, auch der so viel später schreibende Römer Pausanias, der spätantike Wanderbursche, hatte das goldbergende Mykene gerühmt und überdies gewußt, wo Agamemnon und seine mit ihm hingemordeten Verwandten begraben waren.

Die Hindernisse, die sich dem Ausgräber in den Weg legten, ballten sich zusammen in einen Knäuel bürokratischer Bedenken, Vorschriften und fühlbaren Bekundungen des Mißtrauens gegen ihn. Die Luft war rauh von Widerstand, der sich lähmend auf seine Absicht legte. Er brach den bereits flügellahmen Versuch ab, kehrte nach Athen zurück. Um die Zeit auszufüllen, machte er eine Geschwindreise nach Paris und London, lebte falsch und großstädtisch, machte fördernde Bekanntschaften, hielt Vorträge über Troja, erntete Beifall in London und Ablehnung in Paris. Der Himmel Griechenlands fehlte ihm. Das gemünzte Gold, welchem in den großen Städten nachgejagt wurde, hatte keinen archaischen Glanz. Kaiser und Könige, die auf den Münzen zu sehen waren, erschienen ihm als Vorsteher von Handelsfirmen. Die Eisenbahnen qualmten den Rauch und Ruß der nüchternen Technisierung. In den schnell und lieblos gebauten Vorstädten lebten die Sklaven der Zivilisation.

In der Eile fuhr er noch einmal nach Istanbul, erhielt einen neuen Vertrag für Troja, das im wehenden Staub fast noch einmal unterging. Traurig lief er ohne Begleitung über die zackigen Hügel, verwünschte die griechischen Bürokraten, fuhr im unbequemen Küstendampfer durch die nördliche Ägäis und stellte sich wieder daheim an das Schreibpult, schrieb Briefe, focht Zeitungsfehden mit den hämischen Gegnern aus, die schon jetzt seine mykenischen Träume in der Luft zerrissen und in den Orkus des Spottes pusteten.

Welchen Gewinn hatte er an seiner Frau! Sie las seine Manuskripte, machte da und dort sorgsame Einwände, hielt ihm neugierige Besucher fern, warb neue Freunde und ritt frühmorgens mit ihm nach Phaleron, wo sie im Meer badeten.

Kein Ausritt und kein Gang zu Fuß blieb ohne Anregung und Anreiz. Stieg er mit Sophia und seiner kleinen Tochter Andromache auf die Akropolis und schritt er mit ihnen über die großen Steinplatten mit dem veilchenfarbenen Schimmer, dann dachte er an den „Perserschutt", der hinter dem Parthenon lag, und wünschte sich Spaten und Hacken, ihn um- und umzuwürfeln.

In seinem Haus war es still wie in einem Tempel.

Einmal verlangte es ihn, nach Eleusis hinüberzureiten und das gedeckte Telesterion zu betrachten, wo der Geheimkult der Demeter abgehalten worden war. Er sah in den einstigen Teilnehmern eine Sekte, wie sie abseits des langsam verblassenden Götterglaubens gediehen war. Sophia, die den Ritt nach Eleusis mitgemacht hatte, fragte ihn nach dem Sinn der Mysterien.

„Mutterverehrung", antwortete er, „so alt wie die Welt. Man hat die Mysterien auch Orgien genannt. Vielleicht waren es hysterische Orgien."

Olympia und Epidaurus lagen nicht weit. Dort wurde seit einiger Zeit mit deutscher Gründlichkeit ausgegraben. Er bewunderte den Glanz der griechischen Hochblüte und fühlte sich am wohlsten vor Trümmern, die vom Efeu überwachsen waren. Die Luft war erfüllt von Kronion, Hera und Apoll. Die Pinien schirmten die Pfeile des himmlischen Bogenschwingers ab. Welch eine vollendete, ruhmreich zerfallende Welt!

Sie roch nach Lorbeer, nach olympischem Geist und Museum. Zeus war aus seinem Tempel gestürzt. Sein Schatten ächzte in den Hainen. Herakles, der Ahnherr der Spiele, türmte sich in donnernden Gewittern auf. Der Fluß Kladeos überspülte mit Sand und Kieseln das schmale Tal. Heiligkeit atmeten die Bäume. Feierliche Stille des Todes stand, den Atem anhaltend, hinter den Säulen.

Wie sehnte sich Schliemann nach dem rauhen, gebirgshohen Mykene, wo die Geister der Frühzeit umgingen und der zuckende Wind tobte. Zurück zu den Anfängen, aus denen das Vollendete wuchs, das zur Form wurde und im Schmelz der Wehmut erlosch!

Endlich, nach zwei Jahren, war der Tag gekommen, an dem er mit mehr als hundert Arbeitern den Bergkamm im Süden der Argolis erstieg, der beschattet war von einem dahinterliegenden schroffen Steingebirge. Was er antraf, waren die Reste einer zyklopischen Burg, umgeben von ungefügen Ringmauern. Die Zitadelle war zertrümmert. Das Tor mit den Löwen mußte freigelegt und wiederaufgerichtet werden. Auf einem schmalen Trümmerweg drang er vorwärts zum Großraum der Burg, unter sich eine fast kreisrunde Agora, einen Festplatz, wo die homerischen Rhapsoden gesungen hatten. Anschließend an das Löwentor lag unter Trümmern ein Schatzhaus, das Schliemann von seiner ihn begleitenden Frau freilegen ließ, die zwanzig Arbeitern Befehle gab.

Schliemann eilte im Trümmerfeld umher und war auf der Suche nach Funden, die sich ungnädig versteckten. Bald da, bald dort ließ er Tiefenstiche machen und Gräben ziehen. Langsam wurde ihm das Gesicht der Burg verständlich.

Agamemnon, er war auch nach seinem Tode noch ein unnahbarer Krieger. Pausanias hatte in seinem Bericht von Gräbern in der Agora gesprochen. Der Tag kam, wo Schliemann sie fand und öffnete. Fünfzehn Tote lagen da, über und über bedeckt mit goldenen Blättern und Juwelen. Formschöne Schwerter und ein üppiges Szepter kamen zum Vorschein. Mehrere männliche Skelette waren mit goldenen Masken und Diademen bedeckt. Nirgendwo vorher war der Tod ein solches Fest der Verschwendung gewesen. Die goldene Maske eines Mannes, deutlich seine Gesichtszüge nachformend, sprach Vergangenheit und lebendige Gegenwart. Der Maskenabdruck zeigte einen Bauernkönig, einen handfesten Haudegen und zugleich pfiffigen Diplomaten, ein militärisches Mannsbild von der Sorte, ähnlich denen, wie sie im Dreißigjährigen Krieg der Deutschen erscheinen würden, mit breiter Stirn und einem an den Enden gehobenen Schnurrbart.

Der in Staub zerfallene Träger der Maske war Agamemnon. Es gibt Erscheinungen in der sinnlichen Welt, die – ohne daß sie sich ausweisen können – einer allgemeinen Vorstellung entsprechen. Wer je Agamemnon gedacht hat, mußte ihn in der Maske erkennen. Die Erde hatte ihn hergegeben. Schliemanns ahnendes Wissen stimmte mit der homerischen Darstellung zusammen. Wie war er nach der Darstellung in der Ilias zu denken? Er war kein schöngebauter Achill, kein Halbgott und doch in weiter Entfernung ein Abkömmling der Titanen, im Irdischen verfinstert, König und Befehlshaber, Berserker mit väterlicher Güte.

Die Arbeit der Ausgrabung mitten im Regen des Februar war so anstrengend gewesen, daß jeder andere erlegen wäre. Mit Sophia zusammen, die oft nur ein Wachstuch über sie beide spannen konnte, hatten sie das Reich des Pluto gelüftet. Nie waren vor ihnen lebende Menschen so nahe am Tor des Todes gestanden, hatten an der Unterwelt geschürft.

Die gefundenen Schätze wurden von einem Vertreter des griechischen Staates auf der Stelle in Empfang genommen und vorerst in einem Schuppen im tieferliegenden Dorf Charvati, das einst zur ausgedehnten Unterstadt von Mykene gehört hatte, von griechischen Soldaten bewacht.

Was außer den Goldfunden zutage gebracht wurde, war allein ausreichend, ein Museum zu füllen. Es waren Töpferwaren, bildgeschmückte Stelen, Siegelringe aus Gold mit gravierten Steinen, auf welchen Jagd- und Kampfszenen abgebildet waren, goldene Becher mit getriebenen Bildern und eine Unmenge von Juwelen. Was aus Kupfer war, verachtete man fast. Nur das Gold triumphierte. Es hatte nach Licht geschrieen und erblindete nicht unterm Strahl der Sonne, die nach zweitausend Jahren noch dieselbe war wie einst, selbst Gold und allen Goldes Mutter.

Immer wenn es auf höchste Anstrengungen zuging, waren Besucher gekommen. Die große Überraschung war Don Pedro II., Kaiser von Brasilien, der den Ausgräber Schliemann schon in Troja besucht hatte. Es war nicht zu umgehen, man mußte um eine würdige Mittagstafel besorgt sein und stellte sie auf im Schatzhaus des Atreus am Fuß der Zitadelle, zu welcher Schliemann einen breiten Eingang hatte graben lassen. Es war in dem bienenkorbähnlichen, mit einem Hügel aus Erde bedeckten Steindom, wo man nach dreitausendjähriger Pause den Wein der Argolis trank und den Helden von Troja hochleben ließ.

Nebenan lag im Dunkel die kleine gewölbte

Kammer, die als Grabraum der Klytaimnestra bezeichnet wurde. War sie es nicht, die nach dem Reihenmord in der Burg die Getöteten unter Juwelen und Gold bestatten ließ im selbstgerechten Gefühl ihrer Tat, weil sie von ihrem Gatten gekränkt worden war? Hatte er nicht ihre Lieblingstochter Iphigenie wegen des erwünschten Windes zur Abfahrt nach Troja in Aulis opfern lassen? Da lagen sie oben in der Agora nebeneinander: Agamemnon, Kassandra, die mitgebrachte Sklavin aus Troja, die rasende Elektra und Eurymedon, der Rosselenker.

Der mit Kerzen erleuchtete Steindom unten widerklang vom Bechergeläut. Noch waren die Goldschätze nicht gefunden.

Am Tag der Auffindung des Goldes regte sich in Schliemann der Verdacht, man werde die Zuschreibung des Schatzes auf Agamemnon anzweifeln und als Illusion auslegen. „Illusion", sagte er zu Sophia scherzend, „man kann es auch anders nennen, und sie ist auch etwas anderes. Übrigens, wer ohne solche Illusion lebt, ist und bleibt ein armer Hund. Merkwürdigerweise grabe ich meine Illusionen aus und kann sie sogar in die Hand nehmen."

Sophie Schliemann mit dem „Kopfschmuck der Helena“

Homer

Vom blinden Homer wird in einer längst nach seinem Tode aufgekommenen Legende erzählt, daß er, von einem Knaben geführt, vor den Inselkönigen in der Ägäis die Gesänge seiner Epen vorgetragen und vielfach verbittert über das Unverständnis der Zuhörer – überdies schlecht honoriert – seinem Herzen Luft gemacht und mit seinem Stock gedroht hatte.

Mit dem vergötterten Homer hatte der Ausgräber Schliemann eine bestürzende Ähnlichkeit. Auf der Höhe seines Erfolges schwang er den Knotenstock gegen die Anfeinder seines Unternehmens. Nach Mykene war sein Ruhm angestiegen, aber die Stimmen schwiegen nicht, die ihm Goldgier und niedrige Beweggründe vorwarfen, an seinem Können zweifelten und seine Begeisterung für den Kronzeugen Homer zu löschen versuchten.

Was lag näher, als daß er zu seinem Ausgangspunkt Troja zurückkehrte und eine zweite Kampagne begann, bei welcher er mit den Erfahrungen, die er bisher gewonnen hatte, die Erde noch einmal aufwühlen ließ?

Mit größerer Einsicht setzte er den Spaten an, verwarf früheren Eifer, bereinigte einige der größten Sünden, die er gemacht hatte, und durfte eingesehen, daß er im kühnen Wurf nicht übers Ziel geschossen, sondern in die Tiefe der Schichten geraten war, wo das Troja des Homer gelegen hatte.

Wieder setzte er mehr als hundert Arbeiter ein, baute zwei neue Baracken und ein kleines Haus aus Stein, um die Leute in seiner Nähe zu haben.

Im zurückliegenden Winter hatte er sein Buch „Mykenae" geschrieben, das ein Erfolg wurde. Auf einer Reise nach London, wo er einen Vortrag hielt, lernte er den englischen Ministerpräsidenten Gladstone kennen, der von Schliemanns Arbeit überzeugt war. Von nun an erlebte er die Magie der Persönlichkeit. Rudolf Virchow, der Anthropologe, und der Franzose Emile Burnouf besuchten ihn auf dem Hügel, standen ihm bei und gaben Rat.

In der Nähe der Stadtmauer, die er hatte freilegen lassen, erfuhr er wieder die Zuneigung des göttlichen Metalls. Der sperrige Liebhaber fand es in drei Vasen, die im Schutt lagen: Goldschmuck und Waffen aus Bronze. Die türkische Regierung durfte kassieren.

Das klassische Terrain vor dem Hügel, die

„Troas“ genannt, wo er sich einmal bei Nacht verirrt hatte, lockte ihn an. Drei hochaufgeschichtete Erdhügel, welche die Ebene in ihrer Eintönigkeit schmückten, verliehen der Gegend den Hauch von heroischer Vergangenheit. Das „Grab des Achill“, schon in homerischer Zeit so bezeichnet, war eines der Denkmale. Von türkischen Gendarmen begleitet, umritt er das Grabmal, das einen Umfang von hundert Gehschritten hatte.

Der Homer-Freund Schliemann las in der Ilias nach: Achill hatte seinen gefallenen Freund Patroklos dort im Feuer bestattet, hatte Rinderfett, Öl und Wein über den Brand geschüttet und danach die Erde aufwerfen lassen. Das weißgebrannte Gebein des Toten ließ er in eine goldene Urne legen. An kostbaren Beigaben wurde nicht gespart.

Wie seltsam war es, daß ein Goethe – so lang nach Homer – die Szene in seiner unvollendeten „Achilleis“ noch einmal beschrieb. Er hatte sogar die Meergöttin Thetis auf den Olymp bemüht, wo ihres Sohnes Untergang schon beschlossen war, und um den Wunsch ihres Lieblings gewußt, daß er im Grab seines Freundes nach seinem nunmehr nahe bevorstehenden Tod beigesetzt sein wollte. Goethe beschreibt in seinem epischen Fragment sogar die Art und Weise, wie der Hügel aufgeworfen worden sei: Zuerst ein ringförmig angelegter Erdwall, später die Versenkung des toten Patroklos und die Vollendung des Baues durch Auftragen der Erde.

Wieder wurde es Schliemann zur Erfahrung, daß die Dichter mehr wußten als die gewitzten Forscher. Er zögerte nicht, den Spaten an das Grabmal zu setzen, obwohl er ahnte, daß der Hügel eine ausgesogene Bienenwabe war, an der schon die Jahrtausende gewirkt hatten.

Außer Töpferwaren und Scherben war nichts vorhanden in dem geringen Abraum, den Schliemann wieder in den Hügel zurückwerfen ließ.

Troja blieb ein Rätsel. Für Homer aber, der vier Jahrhunderte nach dem Untergang Trojas gelebt hatte, war die Stadt noch ein Besitz der Erfahrung gewesen. Er sah mit den Augen der inneren Anschauung die Mauern, den Palast des Priamos, die Gassen, die Agora. Er hörte seine eigenen Schritte auf dem Pflaster, die nicht anders klangen als in den Königsstädten der inselbesäten Ägäis und der ionischen Küste.

Er roch den Duft der Sykomore und den Pferdemist aus den Ställen. Er trank das süße Wasser aus den alten, immer spendenden Brunnen. Er hörte das Rauschen der Frauengewänder und den klirrenden Schritt der Krieger, das Schnauben der Pferde und das Gebell der wachsamen Hunde. Vertraut und bekannt war ihm die frühgriechische Welt. Schliemann aber kam sich vor wie das blinde

Grubenpferd, das auf erfühlten Gleisen tappte. Die Lampe, die ihm leuchtete, war die Dichtung Homers.

Er war der Meinung, daß Troja in eine Oberstadt mit der Burg und in eine volkreiche Bürgerstadt geteilt war. Die Bürgerstadt dehnte sich in die Ebene und auf die Höhe hinaus. Wo lag die Grenze der Stadt Troja? Bei Homer war sie kaum zu erkunden. Aber die Straßen, die von Troja ausstrahlten, waren in der Gegenwart noch zu erkennen. Homer war auf ihnen geschritten. Wie stand es mit dem Meer und mit der sprichwörtlichen Sonne des Homer? Im Grunde lag alles nur verschüttet. Er machte sich klar, daß die zweite Kampagne noch zu keinem endgültigen Ergebnis führen konnte, und brach das Unternehmen ab.

Im Lauf der kommenden beiden Jahre kehrte Schliemann wieder nach Troja zurück. Es war ihm zumute wie einem Verbannten, der sich nach seiner Heimat sehnt. Wo war seine Heimat?

War sie das palastartige Haus in Athen, das er inzwischen hatte errichten lassen, mehr ein Museum als ein Wohnhaus? In einem venezianisch-toskanischen Stil stand es in der Universitätsstraße und war kein prahlerischer Bau im Stil der Zeit, sondern eine klassizistische Kostbarkeit mit allen Vorteilen moderner Wohnkultur versehen. So vereinigte der Bau die Vorliebe des Bauherrn für antike Kunst mit der Weiträumigkeit eines Empfangshauses. Er enthielt Statuen, gute Kopien, Wandmalereien und einen Teil der Ausgrabungen. Sophia und seine Tochter Andromache, zu welcher ein nachgeborener Sohn mit Namen Agamemnon gekommen war, lebten mit ihm in seiner antiken Wunschwelt. Sophia war seine leidenschaftliche Anhängerin, die ihn auf seinen Reisen begleitete. Bei seiner Tochter fand er die ihm selber eigene Innerlichkeit und bei seinem Sohn schon den früh hervortretenden Unternehmungsgeist.

Man konnte in der Villa Schliemann an Goethes Wohnhaus in Weimar denken, das in ähnlicher Weise zwischen Museum und schöpferischer Wohnlichkeit schwankte, auf geschmackvolle Weise ein inneres Griechenland beschwörend, während Schliemann von seinen Loggien in Wirklichkeit die Akropolis erblicken konnte.

Mit einem Begleiter von großer archäologischer Kenntnis und Begabung fuhr der überraschend berühmt gewordene Wahlgrieche Schliemann nach Troja zurück. Dörpfeld, dem Deutschen Archäologischen Institut in Athen verpflichtet, wurde sein Freund und Helfer.

Noch einmal wurden die Massen von Erde auf dem Hügel umgewälzt. Dörpfeld entdeckte neun verschiedene Schichten der immer wieder aufgebauten, immer wieder zerstörten Stadt. Schliemann ließ Feldbahnen zum Abtransport der Schuttmassen legen, und alsbald schnaubte eine kleine Lokomotive in den ausgehobenen Gräben und schleppte die Kippwagen. Er freute sich über den qualmenden Titanismus der Zugmaschine und mutmaßte, ein solcher hätte auch dem Homer gefallen und um so mehr dem praktischen Herakles.

Das Ergebnis der neuen Nachforschungen rückte den Mut des Ausgräbers in neues Licht. Schliemanns wilde Methode, bis auf den gewachsenen Stein graben zu lassen, erwies sich nicht als falsch, war es doch an den ausgeworfenen Schuttmassen möglich, die Schichten der Bebauung nachzuweisen. Das Neue des zusätzlichen Unternehmens hatte den Erfolg, daß der Großraum der Burg des Priamos und andere Großräume eines Palastes sichtbar wurden.

Das überraschende Bild war das einer Stadt und Festung, wie sie Homer beschrieben hatte. Der griechische Dichter hatte weder phantasiert noch übertrieben. Die Liquidation der Firma Priamos und Erben, von welcher Schliemann einmal ironisch gesprochen hatte, war in eine erhebliche Erbschaft verwandelt, von welcher die zukünftige Welt einen ebenso realen wie geistigen Gebrauch machen konnte.

In den folgenden Monaten schrieb Schliemann

in Athen das Buch „Ilion“, das in mehrere Sprachen übersetzt und dessen Texte von ihm überwacht wurden. Endlich schienen die Neider zu schweigen.

*

Nach der Abfassung des Buches reiste er wieder, wurde von Königen und Fürsten eingeladen, er hielt Vorträge und wärmte sich unter der Sonne der Berühmtheit.

Homer hatte ihm zu seinem Ruhm verholfen. Er korrespondierte mit Gladstone, mit Bismarck, schrieb Briefe an Virchow, den Freund, der zu den Vermittlern seines Ruhmes gehörte, und hatte fast täglich Gespräche mit Wilhelm Dörpfeld, der in Athen lebte und Direktor des Deutschen Archäologischen Instituts geworden war.

Auszeichnungen zieren einen Mann, aber sie verändern ihn nicht.

War es so wichtig, daß Schliemann zum Ehrenbürger der Stadt Berlin erhoben wurde, daß er seine trojanischen Goldfunde dem Völkerkundemuseum in der Reichshauptstadt schenkte, daß er sich den Dank des deutschen Vaterlandes gewann und seine Frau vom Kronprinzen Wilhelm, dem späteren Kaiser Wilhelm II., in Berlin zur Tafel geführt wurde?

Viel bedeutsamer erschien es ihm, daß Troja

durch Ausgrabungen bestätigt und damit zugleich die Homer-Frage gelöst war. Homer, der dichterische Kronzeuge der trojanischen Burganlage, durch mündliche Überlieferung Gewißheit erlangend, durch eigene Kenntnis der Örtlichkeit, wenn auch vier Jahrhunderte nach der kriegerischen Handlung, auftretend und verklärend, war eine historische Person. Die „Ilias" war aus *einem* Geist verfaßt, wenn auch ein Teil Trümmerstück, in sich geschlossen und überzeugend wie eine Chronik.

Bei Gelegenheit unterhielt sich Schliemann mit klugen Männern seines Faches auch über die sagenhafte Helena, von deren Körpergröße man schon in der Antike genaue Angaben hatte. Sie tanzte als anmutig-koketter Geist über der Tragödie der Männer, immer wieder sich erneuerndes letztes Flämmchen, ohne Verbindung mit dem Brand aufzuckend. Die dämonisch verführende Gestalt hatte eine Wahrheit in sich selbst, die jeder historischen Festlegung spottete.

Wie stand es um Ajax, um Diomedes? Sie waren von Homer dichterisch gesehen und zugleich bis in die Karikatur hinein gezeichnet. Odysseus – er war vorhanden. Auf allen bemalten Vasen war er von jedem Kind zu erkennen. Er schlich meist gebückt, war neugierig, hatte Kulleraugen und die Schiffermütze auf dem Kopf.

Homer war eine Fundgrube für Seelenforscher, für Gestaltdeuter.

Die großen Dichter des griechischen Theaters, sie gestehen es selbst, daß sie alle von dem Abfall zehren, der von Homers Tafel kommt.

Herakles

In der aus rohen Felsen getürmten Burg herrschte Herakles. Die Festung lag unweit von Mykene in der Ebene der Argolis.

Der Halbgott Herakles, Sohn des Zeus und der Alkmene, verrichtete in der Gegend seine zwölf Taten. Unweit von Nemea bezwang er den Löwen, dessen abgezogenes Fell ihm als Zierde diente. Er stellte sich, um eine Blutschuld zu büßen, in den Dienst seines Vetters Eurystheus, des Herrn von Mykene. Nach einem Leben voller Heldentaten wurde er auf den Olymp entrückt.

Bis in die späteste Zeit der Antike wurde er verehrt. Homer erwähnte ihn. Als eine Art von Todesüberwinder hatte er die Alkestis dem Hades entrissen und in die Oberwelt zurückgeführt. Erde, Götterhimmel und Totenreich standen ihm offen. Viele Städte trugen seinen Namen. Die Burg, die ihm zugeschrieben wurde, führte den Namen Tiryns.

Der Sage verschrieben, geriet Schliemann auf die Spuren der Stadt.

Die Spätgeborenen hatten es nicht vermocht, die ungefügen Steine der Festung abzugraben. Alles, was in die Höhe mit kleineren Steinen, mit Bruch, Lehm und Ziegeln gebaut war, hatte den Weg in die Nachbarschaft gefunden, wo die Landleute ihre Häuser, Hütten und Ställe damit gebaut hatten.

Als Heinrich Schliemann mit seinem Freund Wilhelm Dörpfeld die Fluchtburg und den Palast aufsuchte, konnten sie sich weder Schätze noch Überraschungen versprechen. Sie standen vor einem Steingebirge neben der Straße und wußten zunächst nicht, wie ein Weg in die schluchtenreiche Wildnis aus Felsen zu schlagen war. Die Sonne brannte auf das glühende Gestein. Unweit lag ein Brunnen in der mäßig angebauten Ebene, aus welchem ein Mann mit dem Karren ein Faß nach dem anderen mit dem Wasser herbeibringen mußte.

Mit mehr als sechzig Handlangern, die von Schliemann angeworben worden waren, begann er die Arbeit, während Dörpfeld die Lagen der durch Alter, Brand und Regen zusammengeschmolzenen Wände und Böden untersuchte. Da war der Eingang, der aufsteigend einer langen Grotte glich, die sich oben spitz zuwölbte. Erst versuchte man es mit Durchbrüchen, die bewältigt werden mußten, wonach sich drei Terrassen zeigten, die zu einem Großraum führten, wie er schon in Troja und in Mykene zu finden gewesen war.

Es zeigten sich Wände, die mit Ornamenten und anekdotischen Bildern bemalt waren. Scheinbar unberührt waren sie in Jahrtausenden geblieben und überraschten durch minoisch-kretische Anmut. In der Mitte des Großraums, der sich öffnete, als der Schutt in die Tiefe geworfen war, stand ein halbzerfallener Altar. Säulenbasen waren zu erkennen, eine Unterkellerung wurde entdeckt. Der Raum erhielt erst Licht, als Durchbrüche nach außen geschlagen wurden.

Zu den schwersten Arbeiten im Gestein, das ehern widerstand, mußte Schliemann Männer von herkulischer Kraft auswählen. Mit der Spitzhacke hauten sie zu. Schliemann selbst kam sich wie ein Herakles vor, der das Dunkel des frühen zweiten Jahrtausends vor Christus zu lichten versuchte. Die Zeit des Festungsbaues lag so weit von den Tagen des Homer entfernt wie die der romantischen Maler des neunzehnten Jahrhunderts von der Reckenzeit um Siegfried und Gunther, die sie begeisterte. Ob die Burg und der Palast je später wieder bewohnt waren, schien fragwürdig. Man wußte nur, daß die späten Argiver, ein kriegerisches Volk, im Jahrhundert vor der griechischen Blüte das Land eingenommen, teilweise verwüstet und die Burg im oberen Teil zertrümmert hatten. Die „Felsen des Herakles“ konnten sie weder wegschaffen noch zerstören. Es lag nahe, an Männer vom reckenhaften Zuschnitt des Halbgottes zu denken, welche die Festung gebaut hatten.

Wer war Herakles? Die Sage teilt mit, daß er die Argolis kultivieren ließ und daß er überall, wohin er kam, Städte gründete. Es mußte einen solchen oder ähnlichen Unternehmer gegeben haben. Denn, wer hatte den Landbebauern den Befehl erteilt, ein sumpfiges Umland mit Straßen und Seehäfen zu bereichern, wenn es nicht ein einzelner und ungewöhnlicher Mensch gewesen war? Zeit und Umstände verlangten nach einem Befehlshaber, und einen solchen bezeichnete die Bevölkerung stets als einen Halbgott.

Die zwölf Taten des Herakles waren Symbole. Wer erschlägt einen Löwen mit der Steinwaffe? Wer zerrt den Höllenhund – wahrscheinlich ein überlebendes Urtier – an die Oberwelt? Viele Taten des Halbgottes waren Scherze, Übermütigkeiten eines Athleten; ähnliche waren später nur noch im Zirkus zu sehen. Was ungewöhnlich und übermenschlich ist, fließt in das Sammelwort: Herakles.

Einen zweiten seiner Art bringt Gaia, die Erde, nicht mehr hervor, läßt Goethe im zweiten Teil seiner Faust-Dichtung den Kentauren Chiron sagen. An anderer Stelle äußert sich Goethe über Herakles und schreibt: „Die Alten behaupteten, daß die Poesie von diesem Helden ausgegangen sei. Auch ist er der herrlichste, die mannigfaltigsten Abwechslungen darbietende und herbeiführende Charakter. Wir halten fest, daß bei ihm auf Persönlichkeit alles gemeint sei; nur unmittelbare Tat sollte den Halbgott verherrlichen. Mit Händen zu ergreifen, mit Fäusten zu zerschmettern, mit Armen zu erdrücken, mit Schultern zu ertragen, mit Füßen zu erreichen, das war seine Bestimmung und sein Geschick. Bogen und Pfeile dienten ihm nebenher, um in die Ferne zu wirken; als Nahwaffe gebrauchte er die Keule, und selbst diese öfters als Wanderstab. Denn gewöhnlich, um die Tat zu beginnen, wirft er sie weg, ebenso auch die Löwenhaut, die er mehr als ein Siegeszeichen denn für ein Gewand trägt. Und so finden wir ihn immer auf sich selbst gestützt, im Zweikampf, Wettstreit, Wetteifer, überall ehrenvoll hervortretend."

Bedeutende Orte der frühesten Zeit zu betreten, erzeugt den großen Schauder der Nachkommenden. Schliemann verspürte den Schauder, obwohl er schon in Mykene an der Pforte der Unterwelt gepocht hatte, und gönnte sich freie Stunden abseits in Nauplia, wo er wohnte und nach einem

Ritt von einer halben Stunde auf der Festung eintraf.

Die Schätze an erhaltener Kunst, die eingebracht werden konnten, waren bemalte Palastwände mit bewegten Szenen von Jagd und Schlacht. Auffällig war das kostbare Bild eines Knaben, der über einen liegenden Stier sprang.

Die minoische Kunst hatte einen Ableger nach Tiryns geschickt. War Schliemann dem Minoischen nicht bereits in Mykene begegnet? Nun ahnte er die Basis der griechischen Kunst und sah die riesenhafte Aufgabe vor sich, sie zu erschließen; aber da waren schon andere neben ihm tätig geworden, eigneten sich Knossos und Phaistos auf Kreta an, nachdem die Insel aus türkischer Hand in die griechische des neunzehnten Jahrhunderts überging.

Wieder zurück in Athen, warteten schriftstellerische Arbeiten auf ihn. Da regten sich neue Gegner aus Europa und Amerika, zerrten an seiner bisherigen Arbeit und wollten sie zum Einsturz bringen. Er wurde herkulisch grob und hieb um sich. In seinem Buch „Tiryns“ versetzte er ihnen Schläge, daß ihn seine Verleger zur Mäßigung zwingen mußten. Nicht viel hätte gefehlt, und er wäre außer seiner selbst geraten, hätten ihn nicht die nahen Freunde gewarnt. Daß es ein gewesener Hauptmann der deutschen Artillerie war, der den

Herakles der Archäologie aus unverfrorenem, arrogantem Unwissen schmähte, um ihn an sich selber irre zu machen, war fast ein mythologischer Scherz. Aber der Mann hatte Beifall im Lager der Zweifler und Neider.

Schliemann organisierte seine Freunde, honorierte Presseleute, die ihm dienten, und widerstand dem Überfall. Gegen erkannte Ignoranten war er nicht zimperlich.

Charis

Dem unruhigen Perseus ähnlich, unternahm in den folgenden Jahren Heinrich Schliemann große Reisen, die ihn nach Kreta, Ägypten, sogar einmal nach Amerika führten, überall mit Ausgrabungsplänen beschäftigt, da und dort anfragend, ansetzend. Nirgendwo kam eine nennenswerte Grabung zustande.

Er hätte ausruhen, sich der Erinnerung widmen und bescheiden können; aber er befand sich im Flug. Tätigkeit und Planen waren sein Wesen. Immer wieder auflebende Begeisterung trieb ihn weiter.

Er eilte nach Kreta, machte Versuchsgrabungen in Knossos. Die Insel war noch von den Türken besetzt. Er glaubte, in Alexandria den Ort ermittelt zu haben, wo das in die Erde versenkte Mausoleum Alexanders des Großen liegen mußte. Die Mohammedaner verboten die Unternehmung, weil der Boden mit einer Moschee überbaut war und als geheiligt erklärt wurde. Er fuhr in einem gemieteten Segelboot, das fürstlich ausgestattet war, den Nil hinauf, bewunderte die Göttergestalten von Abu Simbel, überquerte den Atlantik, kassierte in Amerika Konten, die er in Eisenbahnen angelegt hatte, und verlegte den Gewinn nach Athen. Dort baute er ein Museum für das Archäologische Institut.

Wurde sein Leben und Treiben verstanden? Einer großen menschlichen Energie gegenüber versagt das geläufige Verständnis. Ein großer Wille ist stets mit sich allein; lieber ist ihm Streit als flügellahme Zustimmung. Dennoch empfand er Charis, Dank und Gnade im Rückblick auf sein Leben. Was wäre ein Leben, das sich mit fünfundsechzig Jahren bescheiden wollte? Es war ihm nicht gegeben, in Filzschuhen täglich die Konten zu prüfen, die ihm von der Bank vorgelegt wurden, das Wachstum von Kakteen zu beobachten, während die große Vergangenheit auf ihre Auferstehung wartete.

Sophia und die Kinder hörten seine Monologe, die er bei offenen Türen hielt.

„Was ist nur die Politik“, konnte er sagen, „von welcher man heute so viel hält? Die Schönheit des Altertums erwacht und kann den Menschen sagen, wovon sie leben sollen. Schönheit ist

Form gewordenes, erhöhtes Leben und Ewigkeit dazu. Man sagt, die Güter dieser Welt vergehen. Ich sage, sie bestehen, wenn sie gut sind, für alle Zeiten. Gewiß sind sie Symbole; aber Symbole sagen etwas über Mensch und All, über Gott und die unsterbliche Seele. Gott hat den Menschen geformt; also formen sie in seinem Auftrag ihrerseits und reichen ihm die Geschenke der Dankbarkeit. Wer ins Innere der Erde schaut, wird dankbar; denn dort liegen die Versuche, die der Mensch in Ehrfurcht unternommen hat, ihm zu begegnen.

Als ich jung war, hat mir Homer die Augen geöffnet für die Religion der Ehrfurcht. Seinem Leitfaden bin ich gefolgt. Vielleicht bin ich ein Held auf meine Art. Held und Dichter gehören zusammen.

Ich werde mit den Meinen heute wieder auf die Akropolis steigen und von dort auf das Meer hinaus schauen. Jeden Morgen werfe ich mich bei Phaleron in die Woge, um mir den Staub von der Seele zu baden.

Wer hört mir zu, wenn ich mit mir selbst rede? Wenn ich nicht will, daß man mich versteht, spreche ich in einer Sprache, die man nicht kennt. Wozu habe ich siebzehn Sprachen gelernt? Vielleicht, um überall sagen zu können, daß ich zwei Eier mit Schinken bestellen will? – Achtung, man ruft mich! Es sind Sophia und die Kinder. Ich rede mit ihnen in der heiligsten Sprache der Welt. Übrigens sind die Evangelien in dieser Sprache geschrieben . . ."

Nach solchen Monologen ließ er sich von Ödipe, dem Hausdiener, zur Kutsche führen, wo schon Sophia mit den Kindern saß und auf ihn wartete.

Die gelehrte Welt hatte seine Versuche anerkannt. Man begegnete ihm mit Hochachtung. Wie aber stand es mit den Dämonen? Oft war er der Meinung, sie rührten sich in seinem Inneren und nähmen draußen eine hämische Gestalt an. Da war der deutsche Hauptmann der Artillerie, der immer wieder in den Tagesblättern gegen ihn schrieb und Troja, das er gefunden hatte, für eine Feuernekropole erklärte, für einen Begräbnishügel, für einen Brandhaufen. Der Mann, der nichts verstand, nannte ihn einen Dilettanten, der auf Millionen sitze und ruhmsüchtig sei. Nichts glaubt die ahnungslose Masse lieber als eine tüchtige Schmähung. Zur Nachprüfung war sie nicht fähig und nicht gewillt.

Seine Freunde Virchow und Dörpfeld überredeten ihn, ein Treffen mit verständigen Männern nach Troja zu berufen und die neidige Artillerie dazu einzuladen. Er überwand sich und nahm den kostspieligen Versuch auf sich. Die Troja-Konferenz begann am ersten September des Jahres 1889. Die Artillerie erschien und zeigte sich widerständig.

Im folgenden Frühjahr wurde das Treffen wiederholt, zu welchem Schliemann Fachwissenschaftler aus der alten und der neuen Welt eingeladen hatte. Den Herren wurde bereitwillig gezeigt, was untersucht, ausgegraben und beweisbar gemacht wurde. Die Herren bekundeten Einsicht und sparten nicht mit hoher Bewunderung. Troja war gefunden und stellte sich dar als eine befestigte Stadt, die sich über die Mauern hinaus in die Ebene und in die Höhe dehnte. Die Burg des Priamos, für die kein anderer Name zu finden war, lag offen da wie eine Tafel.

Nicht einsichtig war die pensionierte Artillerie. Sie ging scheinbar in die Defensive und erklärte ihr aus der publizistischen Ferne geführtes Duell als den Versuch zu gerechtfertigter Mitarbeit. Zu einer öffentlichen Erklärung, die Schliemann hätte umstimmen können, war der Hauptmann nicht bereit. Am Mittagstisch kam es zum Knall. Der Hauptmann knatterte eine Gewehrsalve aus Worten ab, worauf der General der trojanischen Erbschaft ihm den Befehl zum Ausmarsch erteilte, ein gesatteltes Pferd vorführen ließ und dem abziehenden Feind den Rat gab, nach Canakkale zu reiten und das Roß bei Rosinenhändler Ibrahim in der Nähe des Hafens einzustellen. Seine Rückreise nach Germania wurde ihm bezahlt.

Gleichsam als Geschenk der jungfräulichen Athene fiel Schliemann gegen Ende der letzten Ausgrabung in Troja ein Schatz in die Hände: Vier kostbare Prunkbeile aus Nephrit und Lapislazuli. Er verbarg sie vor allen Menschen. Was Götter schenken, soll nicht vor die Augen der Menschen kommen.

Die Luxusgegenstände stellten nach Form und Stoff einen seltsamen Übergang zwischen Kleinasien und dem mykenischen Europa dar. Was war Troja anderes gewesen als die Verbindung zwischen Orient und Okzident, Ort des Güteraustausches und in der zeitweiligen Auseinandersetzung von Völkern Brennpunkt und Grund des unvermeidlichen, immer wieder aufflackernden Trojanischen Krieges? Nicht nur der sagenhafte Krieg war um Troja gewesen. Viele Kriege und Brandschatzungen, Plünderungen und Schlachten hatten stattgefunden. Die neun Schichten der ausgegrabenen Stadt konnten es beweisen.

Homer hatte recht für die Zeit, die vor seinem Leben lag. Die Götter hatten eingegriffen in die Menschenschlacht. Griechenland hatte gesiegt, wie es die Moira wollte, die zuletzt noch über den Göttern stand.

Das Dankgebet Schliemanns bestand in der Stiftung der von ihm gefundenen Schätze an Griechenland, das ihm neue Heimat geworden war, und an das Deutsche Reich, dem er die Substanz seines Charakters verdankte, auch im fremden Land sich zu bewähren: Griechischer Deutscher, Geistiges grabend, Schönheit vorzeigend in der staubbedeckten Hand des erleuchteten Kaufmanns.

*

In einem breiten, ägyptischer Hinterlassenschaft sorgsam nachgearbeiteten Stuhl sitzt Heinrich Schliemann im prächtigen Haus in der Universitätsstraße zu Athen und hält vor seinen athenischen Stadtfreunden einen seiner improvisierten Monologe in neugriechischer Sprache.

Von der belebten Straße dringt gemäßigte Hitze herein. Die hohen bemalten Wände strahlen Kühle aus. Erfrischender Sorbet wird herumgereicht. In den Schalen auf den Tischen liegen Mandeln, Pistazien, Weintrauben. Die Schalen sind echt, sind Altertum, schwarz getöntes offenes Handangebot der Gastfreundschaft. Bisweilen singt ein flatternder Wind um die Säulen der Loggien, die das Haus umgürten. Sophia mischt sich unter die Gäste, bietet an, was Keller und Küche leisten, und unterstreicht die neugriechischen Worte des Hausherrn mit sparsamer Gebärde. Sie ist seine erste und beste Schülerin.

„Troja ist ausgegraben“, wiederholt Schliemann, „und wir sind – Dörpfeld sei es verdankt – in Schichten des Altertums hineingeraten, wovon wir uns vorher keine Vorstellungen gemacht hatten. Mykene hat uns nicht viel Mühe gemacht und vieles erbracht. Tiryns ist eine Felsenburg, in welcher Athleten und Halbgötter gelebt haben. Es ist eine Anstrengung, in solche Vergangenheit hinabzusteigen. Der Geist achtet sie, aber er kann nicht darin leben. Wir sind keine Heroen. Wir widerstreben oft dem mit Blut befleckten Gemäuer; dennoch gehen wir aus dem Schlund als geweihte, geprüfte Menschen hervor, so meine ich. Oftmals mußte ich bei unseren Unternehmungen an die „Zauberflöte“ Mozarts denken; denn bald sind wir den düsteren Gewaffneten begegnet, bald dem verzehrenden Feuer, wenn auch nur in den Aschen und wieder dem alles vermischenden Wasser, das wir so unheimlich unter unseren Füßen rieseln hörten.

Man verzeihe mir, wenn ich gern ein wenig mystisch und deutsch denke. Tiefsinn mag eine Absonderlichkeit sein. Indessen ist er den Griechen nicht fremd. Was hat der griechische Mythos für unheimliche und unergründliche Symbole! Denken Sie nur an die Sphinx, an die Medusa! Welches Volk – außer den Griechen – hatte je das Orakel? Von Dämpfen umgeben, weissagt, deutet sie. Ihr Gesicht ist starr wie das unwiderlegbare Wissen. Ich habe das Orakel nie befragt, und doch habe ich es aus der Ferne rufen hören. Wo ist ein Volk, das aus dem Mund einer Gefangenen – wie der Kassandra – das Schicksal vernommen hat, das sich vollzog, da sie noch redete?

Bedenken Sie die Götter, die Mächte sind, die wir alle kennen! Beflügelt und überall zugleich, jede Gestalt annehmend, in das Leben der Menschen eingreifend und doch – wie bei Homer – sich selbst und ihrer Leidenschaft unterworfen. Hat nicht jeder von uns den Götterboten mit beflügeltem Schuh schon gespürt? Ein Hauch, und schon ist er hinweg! Was ist Zeus, das väterliche Prinzip in allen menschlichen Gemeinschaften? Was ist Athene? Sie berührt und ermuntert. Wenn Sie mich nun fragen: Sind denn diese Götter einmal gewesen? Ich kann als Antwort nur sagen: Die vormaligen Griechen haben ihre Götter gesehen, wohl wissend, daß sie alle nur Sendboten gewesen sind der einen Gottheit, die wir heute ahnen, verehren, anrufen, und der wir mit Dank opfern, weil wir sterbliche Wesen sind. Unsterblichkeit, sie sei den Göttern eigen, sagen die griechischen Dichter; und sie preisen die Unsterblichkeit, weil der

Mensch sie denken kann, trotz seiner Sterblichkeit.

Wer bin ich neugieriger und immer beschäftigter Mensch? Ich bin ein Kind der kimmerischen Nacht im Norden Europas. In meiner ländlichen Heimat roch es nach gepökeltem Fleisch, nach Heringen und Erdäpfeln. Eines Tages kam ein zerlumpter, meist betrunkener Mensch – fast ein Strolch – zu uns ins Haus und rezitierte Homer auf griechisch. Er hatte in Jugendjahren die Sprache Homers gelernt auf der Schule, war ins Leben hinausgelaufen und war geworfen worden. Aber die geheiligte Sprache war in seinem Gedächtnis geblieben. Er hatte vielleicht keinen anderen Wert als den, mir – dem Knaben – einen Hauch von griechischem Geist zu vermitteln. Ich hörte, nahm an, war begeistert, und das war mein Ausgang ins Leben. Und heute bin ich hier. Homers Worte haben mich gerufen und berufen.

Auf Homers Spuren kam ich nach Hellas, und mein heißer Wunsch war es, die Böden der homerischen Dichtung auszugraben, um mich und andere zu überzeugen, daß sie keine Wüsten, sondern die Schatzkammern der Vergangenheit sind. Griechenland hat mich innerlich bereichert. War es da nicht meine Verpflichtung, Griechenland wieder zu bereichern?

Die Tage meines Tuns sind gezählt. Eine Rückschau ist überflüssig. Jede Stunde, wenn sie abläuft, ist schon der Beginn der nächsten und übernächsten. Treten Sie bitte mit mir hinaus auf die breite Loggia! Da sehen sie die ewig gleiche, scheinbar gleichbleibende Stunde. Sie sehen die Akropolis und den Tempel der Athena Parthena. Ich habe auf eigene Kosten den störrigen Frankenturm dort oben ein wenig gekürzt, damit die Aussicht auf den Tempel besser wird. Athener und Touristen werden es mir später vielleicht danken. Leider konnte ich wichtige Teile der antiken Stadt nicht ausgraben; denn da wohnen überall Leute in den neuen Häusern, die über das antike Athen gebaut worden sind. Was macht es einem Fahrradhändler oder Melonenverkäufer auch aus, daß unter seinem Keller die zerschlagenen Säulen der platonischen Akademie liegen? Vieles, das unter unserer Wohnebene liegt, träumt weiter den griechischen Traum und darf ihn träumen, bis einmal die Stunde des Wiedererwachens kommt. Aber ich sage Ihnen: Eine schönere Welt als die altgriechische hat es nie gegeben, mag sie auch tragisch genannt werden."

Schliemann redet weiter, schweift ab, beantwortet Fragen, die an ihn gestellt werden – auch die simpelsten. Er hat seine hohe Stunde und ist für alle da, zuständig und in geselliger Bereitschaft.

Der Abend senkt sich auf die Stadt. Fahl und geisterhaft leuchtet die Akropolis, die man seit einiger Zeit spärlich, aber doch zauberhaft beleuchtet. Auch diese Neuerung ist Schliemann zu danken. Seine Stimme wird leiser, inniger und gedämpft. Dann verstummt er.

In diesem Augenblick bedeutet Sophia den Anwesenden, ihn in der Halle allein zu lassen. Man begibt sich hinaus auf die Loggia, um die sternfunkelnde Nacht zu genießen. Unten sind auf der Straße schon einige Wagen vorgefahren, um die Gäste Schliemanns abzuholen. Mit blitzenden Lampen rauschen alsbald die wohlgefederten Wagen hinaus in die Weite der städtischen Nacht.

Erläuterungen

Achaier	bei Homer die Griechen allgemein
Ilion	antiker Name von Troja
Orkus	Reich der Toten bei den alten Römern
Nereus	griechischer Meergott
Kimmerien	fabelhaftes Volk am Okeanos, im äußersten Westen, ewig im Nebel und in der Finsternis lebend
Harpyien	Wesen halb Frau, halb Vogel
Lemuren	Totengeister
Hades	Reich der Toten
Dryade	Waldnymphe im alten Griechenland
Tychae	Schicksal, Zufall
Persephone	Tochter des Zeus und der Göttin Demeter
Canakkale	türkische Stadt in der Nähe von Troja
Najaden	Nymphen, die in Quellen und Gewässern wohnen
Skythen	Nomadenstämme aus Innerasien
Phaleron	alter Hafen von Athen
Telesterion	Mysteriengebäude der Göttin Demeter in Eleusis
Kronion	Name für Zeus, den Göttervater
Hera	Gemahlin des Zeus
Kladeus	Fluß bei Olympia
Nauplia	alter Hafen von Argos

Klytaimnestra	Gemahlin Agamemnons, Mutter der Iphigenie
Sykomore	Maulbeerfeigenbaum
Argolis	Landschaft im Nordosten des Peloponnes
Pausanias	spätgriechischer Schriftsteller, geb. 175 n. Chr.
Kassandra	Tochter des Priamos
Ajax	Heerführer im trojanischen Krieg
Diomedes	griechischer Königssohn, einer der stärksten Kämpfer bei der Belagerung Trojas
Erystheus	König von Mykene, in dessen Dienst Herakles seine 12 Arbeiten ausführen mußte
Alkestis	griechische Königin, die durch ihr Sterben ihren Mann vom Tode erretten wollte